U0388903

“珍爱美丽家园”丛书编委会

本书主编 洪　伟

编写成员（按姓氏笔画排序）

王　红　苏　芳　杨华蕊　张怡秋　郝　磊

高梦妮　郭志滨　路　莹

生活之力——能

洪　伟　主编

人民出版社

前 言

能源是人类社会发展的物质基础。因而，人类早在远古时期就已经开始了对能源的开发与利用。火就是人类最早利用的一种能源，从天然火的保护与利用，到人类学会自己“起火”，这是人类历史上的里程碑。

人类对于大自然的充分利用是一种人与自然和谐共处的表现，也体现了合理利用自然是人类美好生活的前提与保障。但是随着人类社会的迅猛发展，以及科学技术的不断更新，人类对能源的开发以及使用的力度也在不断地加大。能源问题日益凸显，能源匮乏，使用率低下，技术滞后，过度开采，能源浪费以及所导致的环境问题等已经成为影响和制约人类发展的巨大障碍。

纵观历史，我们不难发现人类社会的发展历程与人类利用能源的历史密不可分。每一种新能源的开发与利用都会给人类生活带来巨大的影响，甚至改变人类的生活方式与生活习惯。近200年来，煤炭、石油、天然气等能源体系的建立，不仅极大地推动了社会的发展与进步，同时也让人类对此产生了依赖性。这种依赖性导致无论是工业生产还是日常生活，人类对能源的需求不断的攀升，从而出现了能源开发导致的生态环境问题，以及能源危机问题等，这些都成为影响环境质量以及人类健康的重要因素。因而减少能耗，将会成为未来人类社会可持续发展的一大重要问题，更是一个全人类都会面临的挑战性问题。

对于这样的一种社会现状，开展能源相关的教育至关重要。史家教育集团的同学们从学校到社区，再到社会开展了一系列与能源合理利用相关联的教育实践体验活动。同学们在自己的家中开展各种资源与能源使用量的调查，撰写相关的调查报告，对新能源展开研究，认识了当前世界上重要的新能源，并以新能源为动力开展积极有益的发明与创想活动……在实际生活中，学生们还尝试着开展变废为宝的调查体验活动。深刻的理解到垃圾是放错了地方的资源这一可持续发展的生活理念……丰富多彩的活动让学生们能够更加全面的认识当前人类所面临的能源危机与实际问题。在探究、实践、调查、辩论等一系列的活动中将保护能源、建立可持续发展理念的教育与生活态度落在实处。

为了更好的解决这一全球性的问题，中国政府也大力开展能源开发与发展的相关工作。国家能源局发布了《关于可再生能源发展“十三五”规划实施的指导意见》，也能看到中国立足可持续发展治理能源危机的决心与举措。

本书正是在这样的社会背景下，基于史家教育集团常年来开展的能源教育成果开发的一册学生学习用书，期望通过有计划、有系统、有目的的教育与活动体验，能够进一步提升学生的能源保护与合理开发利用的意识，并能够将看似离我们生活遥远的能源意识植根在每一个孩子的心中，也期望能够以此为契机让更多的孩子将这种可持续发展的理念与习惯带到千家万户，树立正确的能源开发与利用的理念，让地球与人类更加和谐的发展！

目　录

认识能源

身边的能源

从城市地铁到摩天大厦，从钻井平台到高速列车，从远洋巨轮到航天飞机，我们看到了高速运转的机器，感受到了超越自身极限的速度和动力……在这其中，不可缺少的因素之一就是能源。

观察与提问

观察上面两幅图片，你知道图片中是哪种能源吗？你是根据什么判断的？

写一写，你还知道其他哪些能源吗？

学习与体验

能源其实就是自然界中能为人类提供某种形式能量的物质资源。例如，煤炭、石油、天然气等都是我们生活中常见的能源。让我们先来认识认识它们吧！

我是煤炭，是能源世界的主将，我被誉为工业的食粮。

地球上化石燃料的地质总储量中，我约占80%。目前，世界上已有80多个国家发现了我。全世界煤炭地质总储量为107500亿吨标准煤（标准煤是指热值为7000千卡/千克的煤炭，折算成电能：1万千瓦时=1.229吨标准煤）。

当前世界能源年消耗量中，煤炭占三分之一。煤炭有可能将成为21世纪通向可再生能源和核能为主的未来能源的桥梁。有资料显示，到2025年和2030年，世界煤炭消费量将分别达76.4亿吨和83.1亿吨。可见煤炭是常见的能源之一。

同学们好，我是石油。中国是世界上最早发现和使用石油的国家之一。我经过加工提炼，可以得到许多的产品，并应用在生产生活中。虽然我的用途非常之多，但储量很有限。据估计，目前地球上已探明的储量，

包括海底储量在内，约2000亿吨。1984年全世界开采量为27亿吨，此后我的消费每年以8%快速增长，2017年全世界开采量达到44亿吨。可以想见，不久以后，我的储量就会枯竭。

请同学们自己查阅资料，完善下面的思维导图，可以根据资料查阅的情况进行适当的添加。

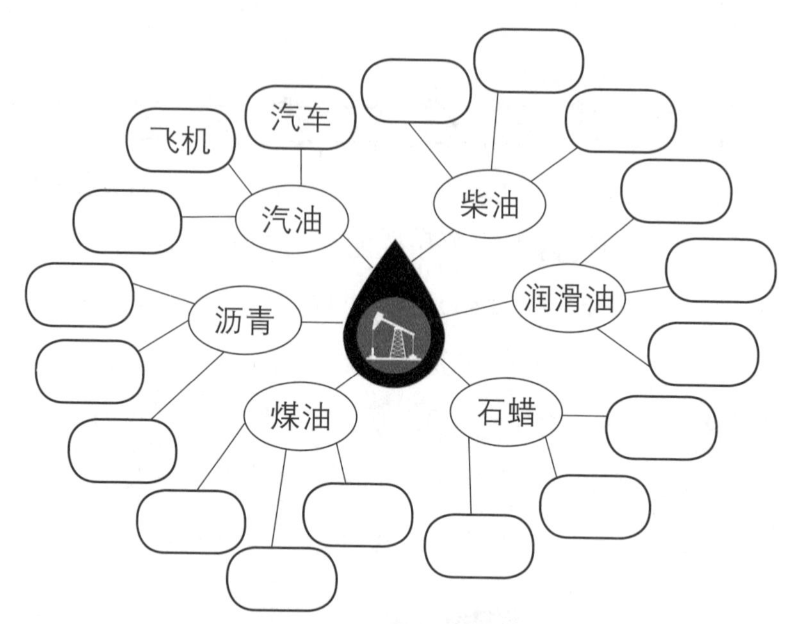

我是天然气。我蕴藏在地下多孔隙岩层中，包括油田气、气田气、煤层气、泥火山气和生物生成气等，也有少量出于煤层。我是优质的燃料和化工原料。与其他能源相比，我具有不可替代的优势。因为，我比其他能源具有优质、环保、安全、经济四大优势，这四大优势也使我成为最主要的清洁能源之一。

请你查阅资料进行学习，了解天然气的四大优势，并完善下面的表格。

学习参考网站：国际燃气网。

天然气优势分析

优 质	环 保	安 全	经 济
天然气主要成分为甲烷，开采、提炼纯度高，几乎不含硫和其他杂质。非常适宜作为高级燃料及高质量要求的化工原料			

根据联合国2002年12月所发布的《世界能源统计评论》的资料显示，截止到2001年末全世界矿物燃料的可开采储量、年生产量和年消费量如下：

	可开采储量	年生产量	年消费量
煤 炭	9840亿吨	31.5亿吨	31.6亿吨
石 油	1430亿吨	35.8亿吨	35.1亿吨
天然气	143万亿立方米	2.46万亿立方米	2.40万亿立方米

如果根据上面的数据，按照一般的消费情况，请你算一算全世界矿物燃料可供开采和使用的大约年限，并填写在下文横线处。

煤炭可供开采的大约年限是 ________ 年，可供使用的大约年限是 ________ 年；

石油可供开采的大约年限是 ________ 年，可供使用

的大约年限是 ________ 年；

天然气可供开采的大约年限是 ________ 年，可供使用的大约年限是 ________ 年。

请你根据你所得出的数据信息，算一算，这些矿物燃料还能供我们使用几年？

请你调查一下，你在一天的生活中，哪些地方消耗了身边的能源。请你针对这一天的活动，想一想在这些时候是否可以适当节约能源，延长这些能源的使用年限。请你提出自己的看法，并和同学进行分享交流。

时　间	消耗能源的活动	能源种类（电力、煤炭、石油、天然气等）	节约能源好方法
早　晨			
上　午			
下　午			
晚　上			

探究与发现

能源与人类社会息息相关，能源对经济社会发展的重大作用不亚于人类对粮食、空气、水的依赖程度。人类进入20世纪50年代以来，由于能源供给赶不上需求的矛盾，从21世纪初到现在，在世界范围内爆发了三次以石油、煤炭为主的“能源危机”。世界各国为了获取能源的稳定供应、确保国家能源安全，在世界范围内争夺和竞争能源控制权，给世界带来许多不稳定因素。能源短缺、资源争夺以及过度使用化石能源造成的环境污染等问题已经威胁着人类的生存与发展。面对这样严峻的形势，我国贯彻执行可持续发展的政策。在我国能源发展“十二五”规划编制中，已明确提出了“目前的能源体系向可持续发展的现代体系过渡”的总体思路。因此明确能源可持续发展的概念内涵、科学评价我国能源可持续发展的状态趋势十分必要。

小知识

可持续发展就是建立在社会、经济、人口、资源、环境相互协调和共同发展的基础上的一种发展，其宗旨是既能满足当代人的需求，又不损害后代人的长远利益。

那么，你认为应如何做到能源的可持续发展呢？

成功案例：上海外高桥第三发电厂

被誉为全球最干净的火电厂——上海外高桥第三发电厂（简称“外三电厂”）是全世界发电效率最高的火电厂，每度电燃煤消耗量世界最低，并且最近几年仍在逐年递减。在排污方面，外三电厂在废气、废水、超声污染等方面都采取了先进技术，排污量低于国际行业标准。外三电厂装备已达到国际水平，广泛采用

了高参数、大容量的超临界发电技术，大大有利于“节能减排”和环境保护。

外三电厂之所以能够达到目前的发电效率，正是对每一克煤都充分的利用，面对能源的紧缺，我们对传统能源的充分利用显得尤为重要。煤炭，在现在和未来数十年间，始终是国家能源安全的基石，其保障着全国八成以上的一次能源和二次能源需求。另外，人们对燃煤高污染、高能耗的成见已根深蒂固，如果外三电厂经验能在全国火电系统广泛推广复制，除了为煤炭正名，还将为中国的“高污染”正名。与此同时，还将为国家重新审视甚至调整现有能源战略提供空前开阔的回旋空间。

小知识

2018 年 3 月，我国为应对当今资源危机与环境污染，成立了中华人民共和国自然资源部和生态环境部，这是从国家层面对新能源—自然资源的开发、利用和保护进行监管，并加强环境污染治理，保障国家生态安全，建设美丽中国！

能源利用小调查

能源是人类活动的物质基础。在全球经济高速发展的今天，人类面临着能源资源枯竭、环境污染严重等问题，各国都在寻找既能保证长期充足的供应量又不会造成污染的新能源。你知道能源有哪些形式吗？不同地区的人们利用的能源相同吗？人们又是如何利用这些能源的？同学们可以开展一次能源利用情况的调查。

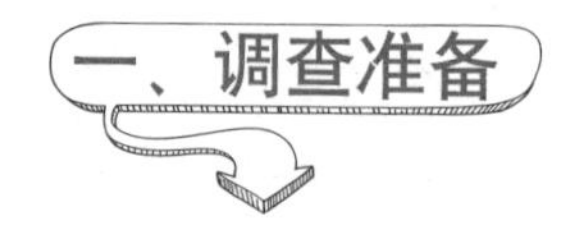

（一）调查背景

1. 什么是能源

《能源百科全书》（科学出版社 1992 年版）说：“能源是可以直接或经转换提供人类所需的光、热、动力等任一形式能量的载体资源。”根据能源的获取方式是否为直接取得还是加工、转换而取得，我们可以将能源分为以下几类：

一次能源	煤炭、原油、天然气、水能、风能、太阳能、地热能、核能、生物质能等
二次能源	电力、热力、成品油、激光、沼气等

2. 你知道下面图片表示的是哪些能源吗？

（　　　　　）　（　　　　　）

（　　　　　）　（　　　　　）

（　　　　　）　（　　　　　）

（二）调查目的

通过对不同地区能源利用情况的调查，根据实际调查情况，分析不同地区使用何种能源，调查人们是否有效地利用所在地区的能源，是否存在能源浪费、能源污染等现象，并针对其中的浪费或污染根源所在，提出实质性的建议，促使人们节约能源，实现能源的可持续发展。

（三）调查方法

我选择 ______________________ 调查方法。

（四）制订计划

请同学们确定活动的主题，制订计划，做好调查准备。

调查活动准备记录表		
1	小组成员	
2	人员分工	
3	活动时间	
4	困　难	
5	解决办法	

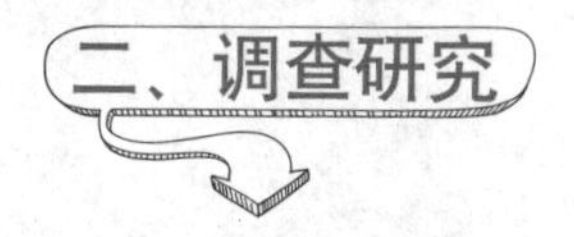

选择适合的调查研究方法，并设计调查方案，与小组成员一起开展调查活动。

同学们可以借鉴下面的问卷进行调查，根据实际情况自行增减、更换调查项目，或者独立设计新的调查表展开活动。也可以选择其他调查研究方法进行调查，并将调查设计方案写出来。

能源利用情况小调查

调查人员：________________ 调查时间：__________________

序号	能源利用情况调查问题
1	您所在的地区属于哪里？ A. 沿海地区 B. 内陆地区 C. 丘陵地区 D. 平原地区 E. 高海拔地区
2	您所在的地区有哪些能源？（可多选） A. 风能 B. 水能 C. 电力 D. 太阳能 E. 核能 F. 石油 G. 其他 __________
3	您家常用的燃料能源有哪些？（可多选） A. 煤气 B. 天然气 C. 沼气 D. 木柴 E. 液化石油气
4	您所居住的地区是否设有太阳能或风能等设备？ A. 两者都有 B. 两者都没有 C. 只有一种 D. 具有其他清洁能源设备
5	您所居住的地区是否设有电动车充电桩？ A. 具备，充足数量 B. 具备，但不充足 C. 不具备 D. 正在安装中
6	您所在的地区污染情况如何？ A. 非常严重 B. 比较严重 C. 一般 D. 轻微 E. 无污染
7	您认为所在的地区未来哪种能源有利于改善空气质量等环境问题？ A. 风能 B. 水能 C. 太阳能 D. 核能 E. 地热能 F. 其他 __________
8	您所在的地区如何推动节能措施？ A. 购置节能设备奖励措施 B. 学校宣传教育 C. 新能源推广补助 D. 其他
9	您觉得人类多久能消耗完化石能源（如煤炭、石油、天然气等）？ A. 几年 B. 几十年 C. 几百年 D. 永远不会
10	您对新能源有多少了解？ A. 从未了解 B. 听说过，但不清楚 C. 比较了解 D. 深入研究过

综合上述调查，我发现：______________________________

____

____

____

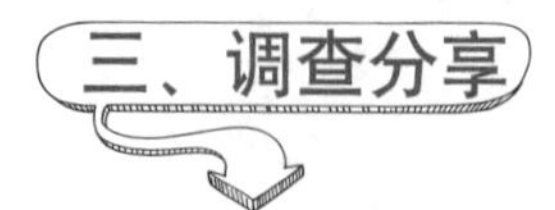

三、调查分享

通过调查不同地区人们利用能源情况，你了解到了什么，对此有什么看法？对于节约能源你有了哪些新的认识？我们能做些什么？请你汇总调查信息和结果，并和老师、同学们一起交流分享。

实验小达人：果蔬电池

前言

能源支撑和促进着我们社会的发展，同时也在不断影响着我们的生存环境。在能源消耗量巨大的当今社会，科学家们想出了各种各样的方法来探寻新能源，同时寻找新的办法来缓解现在的能源危机。

那么，常规能源和新能源相比对我们的生存环境有怎样的影响呢？让我们通过实验来了解一下。

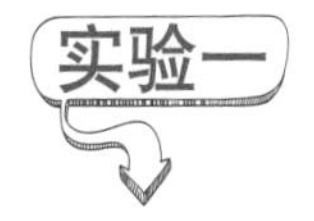

实验一

实验材料

酒精灯

蜡　烛

火　柴

玻璃片

实验步骤

1. 用火柴将酒精灯和蜡烛点燃。(提示：在点燃酒精灯的过程中应注意安全)

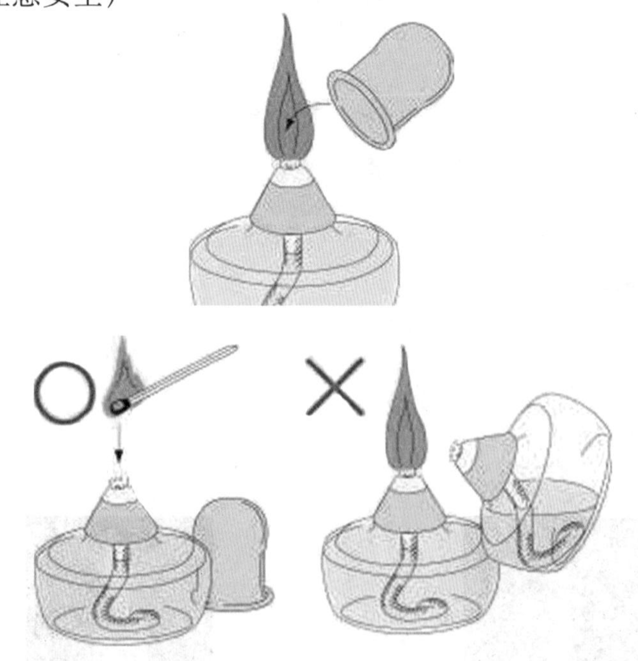

2. 再将玻璃片分别在两种火焰上方静置 5 秒，需要让火焰接触到玻璃片。(顺序是先放在酒精灯上再放在蜡烛上)

3. 然后观察玻璃片。

实验记录

酒精灯燃烧后的玻璃片	蜡烛燃烧后的玻璃片

实验结论

通过这个实验你发现了什么？

除了常规能源外，还可以使用更加环保的新能源为我们服务，既可以消除常规能源带来的弊端又能给我们提供能量，下面我们就一起来感受一下新能源的神奇之处吧！

实验材料

多汁的水果（若干）

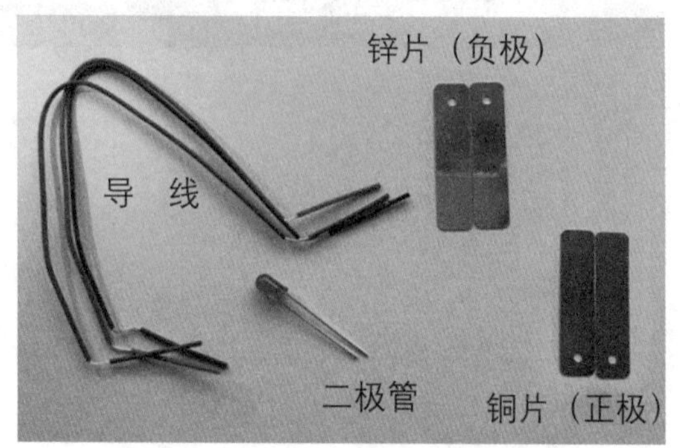

金属材料

实验步骤

1. 先将铜片和锌片用导线连接起来（蓝色导线），数量根据水果数量调整。

2. 再将一个铜片缠一根导线当作电池正极（红色导线），一个锌片缠一根导线当作电池负极（蓝色导线）。

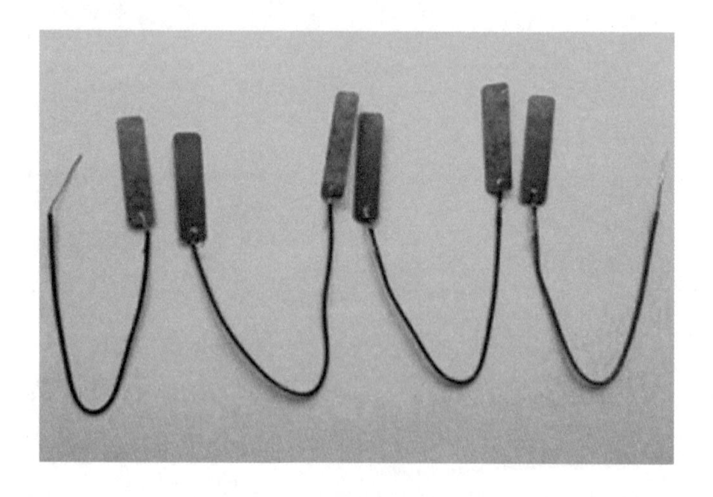

3. 把用蓝色导线连接的铜片和锌片插入临近的两块水果内，以此类推，同一块水果中的铜片和锌片之间的距离要近一点，但不能碰片，多个水果都这样插好。单独的铜片和锌片插在最外两侧。

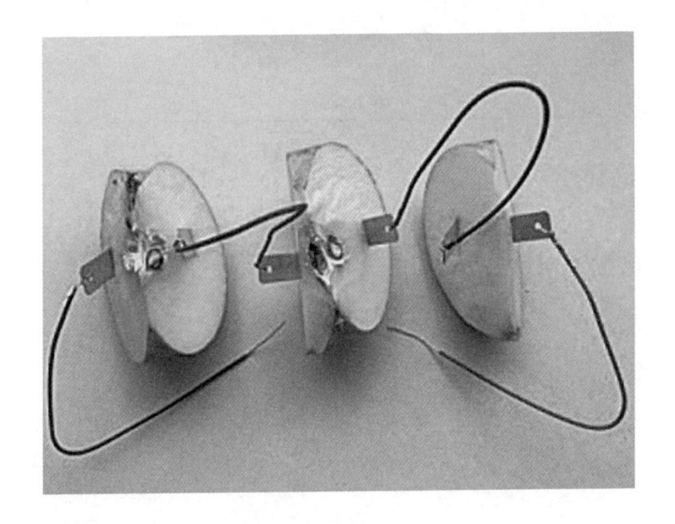

4. 最后将二极管两端缠上对应颜色的导线，红色缠二极管的长引脚，蓝色缠二极管的短引脚。

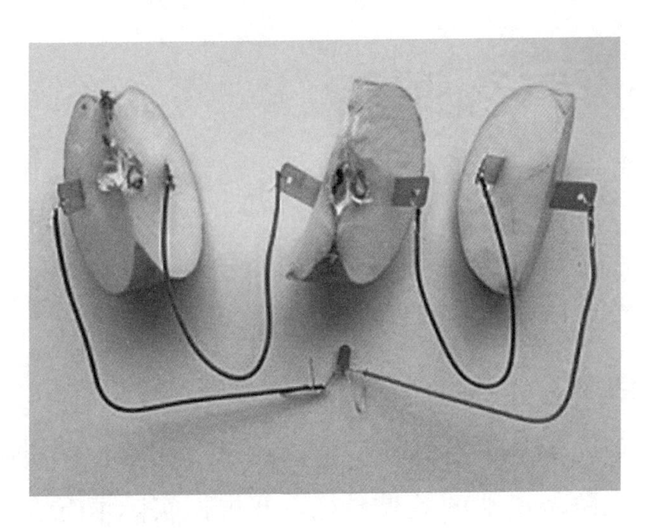

5. 观察现象并记录。

实验记录

水果名称	块数	二极管是否亮起
苹　果		

实验结论

如果二极管不亮或者明亮程度达不到你的预期要求你会怎么办？请大家想一想并做改善。

拓展实验

请同学们从身边常见的水果或蔬菜中，试一试用同样的块数哪一种果蔬做电池的效果最好？并根据实际情况在效果一栏处画“√”。

果蔬名称	块　数	效　果
土　豆	3块	A. 很亮 B. 正常 C. 很暗 D. 完全不亮
	4块	A. 很亮 B. 正常 C. 很暗 D. 完全不亮
	5块	A. 很亮 B. 正常 C. 很暗 D. 完全不亮
酸黄瓜	3块	A. 很亮 B. 正常 C. 很暗 D. 完全不亮
	4块	A. 很亮 B. 正常 C. 很暗 D. 完全不亮
	5块	A. 很亮 B. 正常 C. 很暗 D. 完全不亮

实验揭秘

水果电池是由水果（酸性）、两个金属片和导线来简易制作而成的。两个金属片一定要是活泼性强弱相差较大的金属片，一般采用的是铜片和锌片；由于锌片的活泼性较强，易失去电子，因此作为负极；相对而言，铜片的活泼性较弱，不易失去电子，因此作为正极。铜片和锌片通过电解质（即水果中富含的果酸）和导线构成闭合回路，铜片置换出果酸中的氢离子产生正电荷，锌片失去电子产生负电荷，因此闭合回路中产生电流，若在该电路中再连接一个 LED 的话，便可以发光。

常规能源

常规能源也叫传统能源，是指已经大规模生产和广泛利用的能源。常规能源中如煤炭、石油、天然气等都属一次性非可再生的常规能源。

常规能源的大量消耗带来的环境问题：

温室效应：温室效应是由于大气中温室气体（二氧化碳、甲烷等）含量增加而形成的。石油和煤炭燃烧时产生二氧化碳。

酸雨：大气中酸性污染物质，如二氧化硫、二氧化碳、氢氧化物等，在降水过程中溶入雨水，使其成为酸雨。煤炭中含有较多的硫，燃烧时产生的二氧化硫等物质极易导致酸雨。

光化学烟雾：氮氧化合物和碳氢化合物在大气中受到阳光中强烈的紫外线照射后产生的二次污染物质——光化学烟雾，主要成分是臭氧。

浮尘：常规能源燃烧时产生的浮尘也是一种污染。

常规能源的大量消耗所带来的环境污染既损害人体健康，又影响动植物的生长，破坏经济资源，损坏建筑物及文物古迹，严重时可改变大气的性质，使生态受到破坏。

博物学习营：走进中国科学技术馆

探究起航

在当今世界，能源的发展，能源和环境，是全世界共同关心的问题。在某种意义上讲，人类社会的发展离不开优质能源的出现和先进能源技术的使用。能源就是向自然界提供能量转化的物质（矿物能源、核物理能源、大气环流能源、地理性能源）。能源是人类活动的物质基础。就让我们一起走进中国科技馆来学习一下吧！

能源可分为一次能源和二次能源，将下列这些能源分类，并连线。

风 能

汽 油

煤 气

太阳能

电 能

水 能

一次能源　　　　二次能源

小知识

按能源的基本形态分类，能源可分为一次能源和二次能源。一次能源是指自然界中以原有形式存在的、未经加工转换的能量资源，又称天然能源，如煤炭、石油、天然气、水能等。二次能源指由一次能源加工转换而成的能源产品，如电力、煤气、蒸汽及各种石油制品等。

探古寻今

能源资源是能源发展的基础。新中国成立以来，不断加大能源资源勘查力度，组织开展了多次资源评价。中国能源资源总量比较丰富，下面就请到展厅四层“挑战与未来”A厅找一找以下几个设施利用了什么能源？并试着说说这些能源还能有什么用途？

设 施	能 源	用 途

能源资源

能源资源：是指在目前社会经济技术条件下能够为人类提供大量能量的物质和自然过程，包括煤炭、石油、天然气、风、河流、海流、潮汐、草木燃料及太阳辐射等。

太阳能是人类可利用能源的重要组成部分，并不断得到发展。它既是一次能源，又是可再生能源。它资源丰富，可免费使用，又无需运输，对环境无任何污染。太阳能的广泛利用为人类创造了一种新的生活形态，使社会及人类进入一个节约能源减少污染的时代。

太阳能热塔式发电系统

请同学们相互合作，仔细阅读操作说明，看看能使光柱到顶吗？并说明一下原理。

原理说明：

拓展延伸

无论是在公共场所还是家庭环境中，灯具都是不可或缺的物品，特别是在黑暗的晚上，灯具给我们带来了光明，为我们的生活带来了很大的便利。运用在不同场所的灯具种类各有不同，用在家中的是具有照明功能的白炽灯、节能灯、荧光灯等，用在功能场所的有卤素灯、卤钨灯、氙气灯等特殊材料的灯具，需要根据不同类型灯具的特点进行使用。

白炽灯

卤钨灯

荧光灯

LED 灯

想知道上面哪种灯更节能吗？在场馆内找到此设施，从中寻找答案吧，把你的答案记录下来！

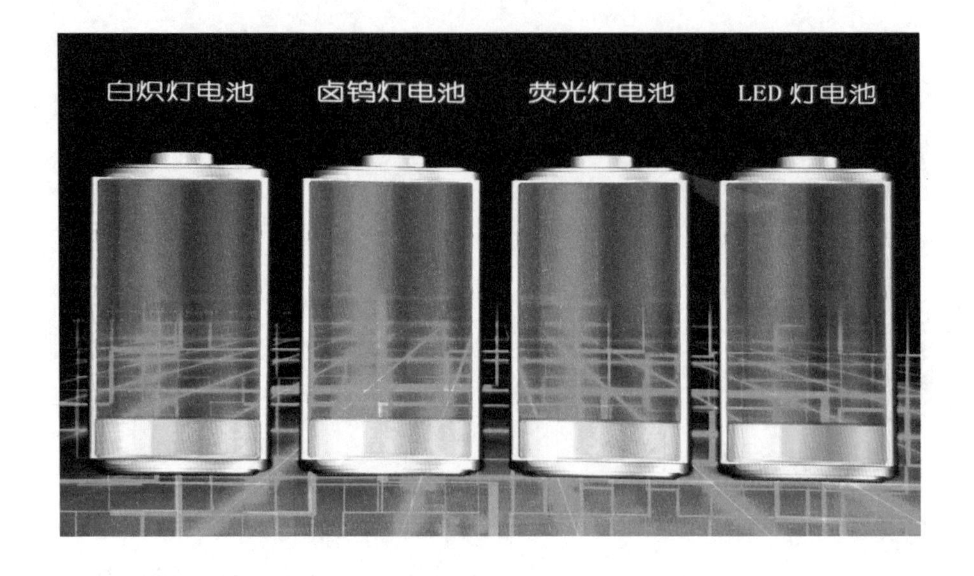

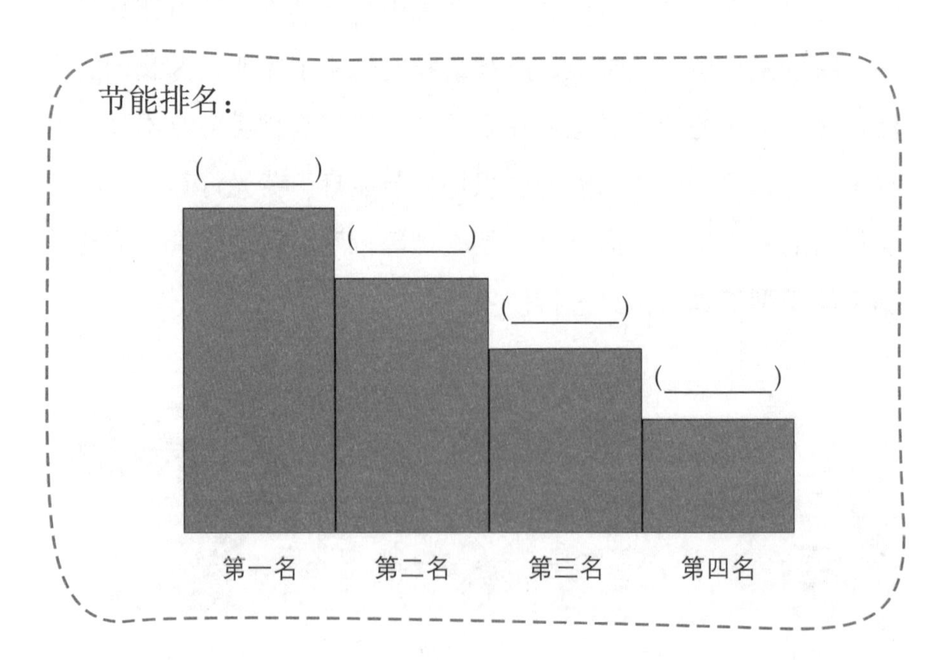

环保DIY：自制果皮酵素

酵素是指植物进行深层发酵，提取的一种含生物活性物质的液体。酵素的用途广泛。合理选择食材和发酵工艺，可以得到食用级酵素。它具有美容养颜、净化血液、排出毒素等功效。而利用厨余垃圾也可以制作出酵素，这样的酵素产品可以清洁空气、保养汽车、柔顺衣物等，具有清洁功能。利用厨余垃圾制作酵素，最大程度地利用了资源，保护了环境，我们称其为环保酵素。因此，可以说酵素无论是对人体健康，还是环境卫生，都十分有益。

酵素的原材料方便获取，制作过程比较简单。下面，就让我们一起利用厨余垃圾，制作环保酵素吧。

温馨提示：由于没有经过处理，使用厨余垃圾制作的环保酵素只能做清洁使用，不能食用哦！

一、准备材料

塑料瓶 1 个、红糖适量、果皮若干。

二、制作步骤

1. 先收集淘米水（用清水也可以，淘米水可加快发酵速度）。

2. 准备好新鲜的果皮（火龙果果皮，香蕉皮，也可以是其他果皮）。

3. 将果皮切碎，尽量切细小点，这样能够较快分解。

4. 将两种果皮混合后加入塑料瓶，将所有果蔬厨余果皮都浸入水中。

5. 加入红糖，制酵素时需按照 3 份垃圾（果皮）、1 份糖、10 份水的比例配制。

6. 将塑料瓶来回颠倒，使果皮和糖充分混合均匀。

7. 在瓶身贴上日期标签，以防时间长了忘记制作日期。另外要在顶部预留空间，以防酵素发酵时溢出瓶外，放置阴凉、通风之处至三个月以上。发酵过程中会产生气体，每天都要扭开瓶盖放气，不然积满瓶子的气体会膨胀，甚至炸开。

8. 接下来，就让我们慢慢等待见证奇迹的时刻吧！

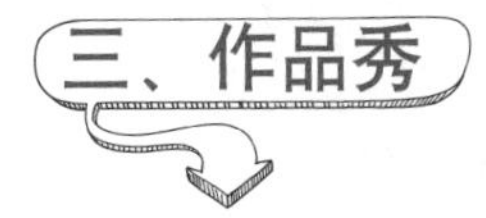

三、作品秀

同学们，经过漫长的等待，自制酵素终于可以用了。你的酵素怎么样？快拿出来看看吧！也许有的同学制作的酵素是成功的，有的同学因为某些操作失误，酵素制作失败了。没关系，让我们一起总结一下吧！

我制作成功了，我的成功秘决是：	我制作失败了，我的失败原因有：

给你的小制作拍个图片，秀出你的 DIY！

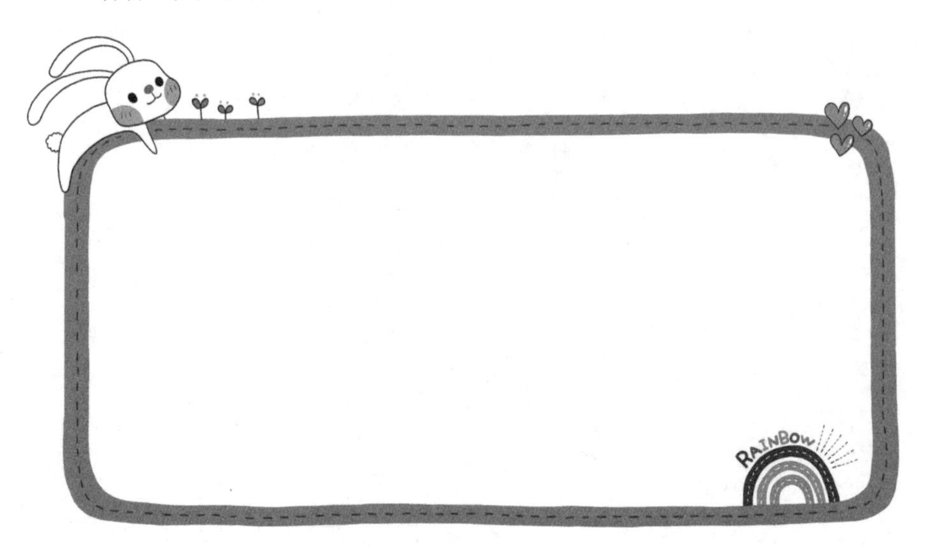

使用能源

能源的开发与利用

翻开人类社会的发展史，可以发现能源与人类社会的进步结下了不解之缘。一直以来，能源问题都为世界各个国家所重视，因为能源是人类社会生活和发展进步的物质基础。在过去的20世纪，人类使用的能源主要有四种，即：石油、天然气、煤炭和电力。可是，在我们享受着能源带给人类生活便利的同时，能源危机正在偷偷逼近。进入21世纪，能源问题的重要性更是越来越突出，确切地说，能源问题已经不仅仅是某一个国家的问题，而是整个世界，整个人类社会所要面对和所要解决的问题。

观察与提问

观察下图，图中所示分别是对什么能源的利用？请你填在括弧中。其中有哪些属于新能源？

(　　　　)　(　　　　)

(　　　　)　(　　　　)

(　　　　)　(　　　　)

（　　　）

（　　　）

（　　　）

（　　　）

学习与体验

面对日益严重的能源危机，你有什么好建议吗？

专家给出的好建议是，我们合理开采，充分利用，寻找新能源。近年来，剩余的常规油气资源已经日益减少，油页岩、页岩油气等非常规油气资源已经兴起。前不久，吉林省发布的《能源“十三五”规划》中显示，该省是全国油页岩资源最丰富的省份，已探明储量为 1086 亿吨，折合成油页岩油 50 多亿吨，约占全国探明资源量的 80%以上。截至 2014 年，吉林省在松辽盆地已经发现了 4 处超百亿吨的大型油页岩矿床，其中扶余—长春岭拥有油页岩资源达 453 亿吨的大型矿床，是目前最有开发前景的矿床之一。据统计，全球油页岩折合油页岩油资源约 4400 多亿吨，比传统石油资源量（2710 亿吨）多 60%。而且，油页岩不仅可以提取油页岩油及相关石油化工产品，而且可作为燃料用来发电、取暖和运输，甚至生产建筑材料和化肥等，是一种非常有潜力的能源。

除了合理充分利用不可再生能源之外，利用可再生能源也是迫在眉睫的。

可再生能源，是指在自然界中可以不断再生、永续利用、取之不尽、用之不竭的能源资源总称。可再生能源的特点，恰恰是可再生性和环境友好性。按照技术种类，可再生能源可分为太阳能、风能、水能、生物能、地热能、海洋能等。过去 30 年间，全球可再生能源增长率超过了一次能源的增长率。增长速度最快的分别是，风电、太阳能和地热能。在 1971—2004 年间，风电增长了 48.1%，太阳能增长了 28.1%，地热能增长了 7.5%。

请你自己查阅资料后填写下表：

能源种类	是否可再生	是否新能源	主要优点	主要缺点
电　能				
核　能				
水　能				
生物能				
地热能				
海洋能				
太阳能				
风　能				

部分可再生能源利用技术已经取得了长足的发展，并在世界各地形成了一定的规模。生物能、太阳能、风能以及水力发电、地热能等的利用技术已经得到了应用。

来自天边的能源——太阳能

能光芒四射的太阳是地球上万物生长的能量源泉。尽管它辐射出来的巨大能量只有二十亿分之一到达地球，其中又有一半被大气反射或吸收掉，但每秒钟到达地面的能量仍然高达 81 万亿千瓦，相当于全世界发电能力的八万倍。

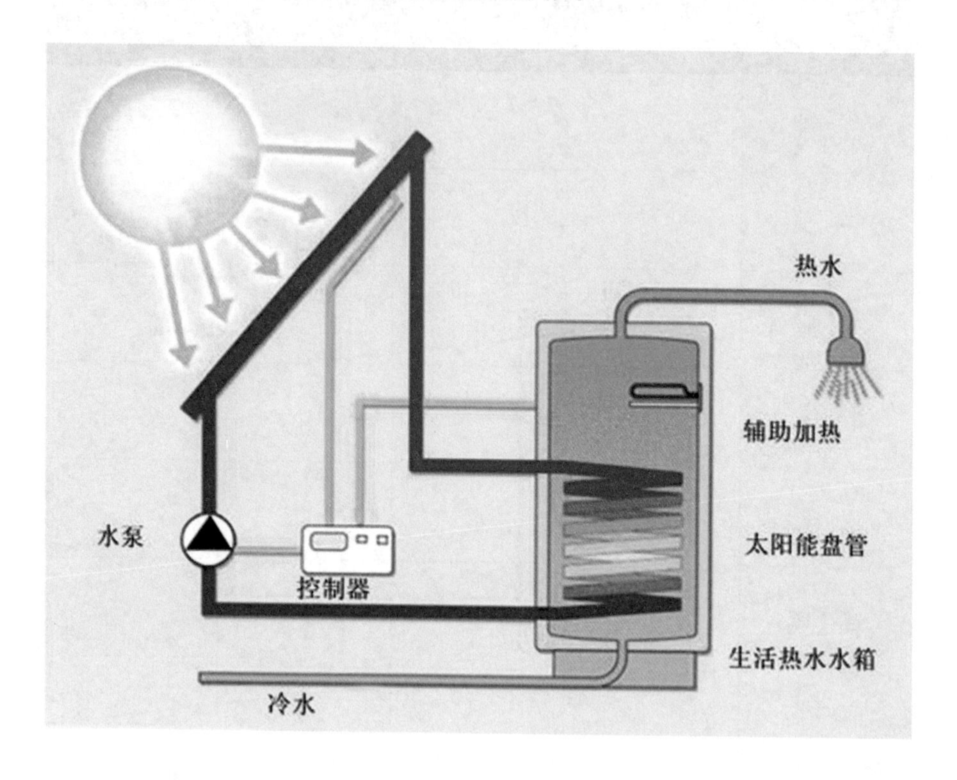

太阳能是清洁的可再生能源，而且几乎到处都有。人类发明了许多利用太阳能的方法，太阳能已开始为现代社会的生活和生产服务。除了太阳能热水器、太阳能灶等早期产品外，太阳能电池、太阳能发电站相继问世，太阳能动力人造卫星、太阳能汽车、太阳能游艇、太阳能飞机、太阳能电话、太阳能彩电、太阳能收音机、太阳能计算器等五花八门的新产品也不断涌现出来。

你能设计一个太阳能的产品吗?

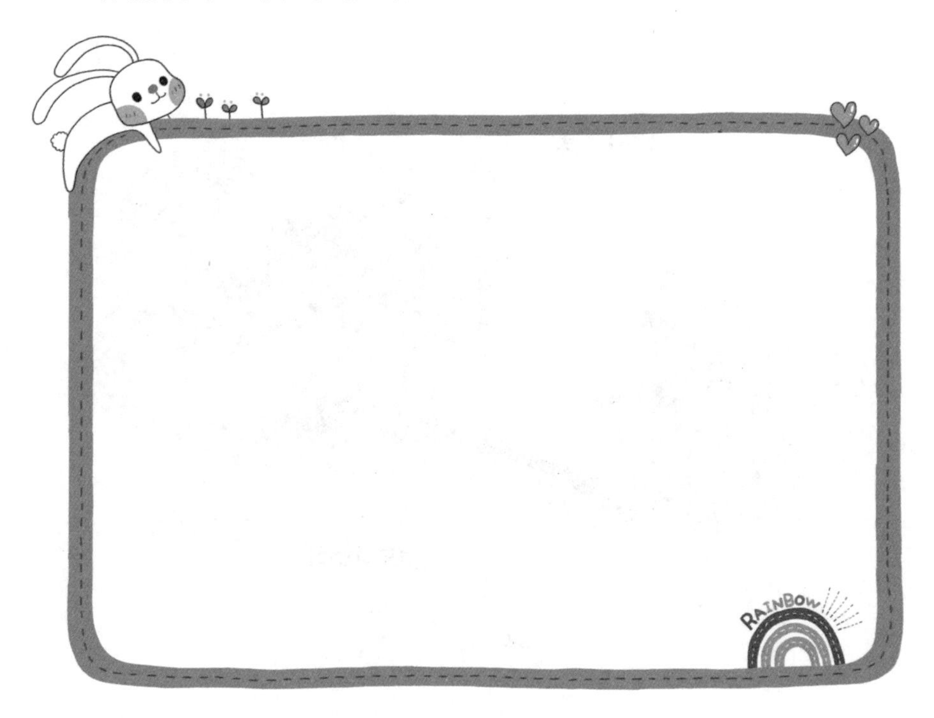

插上翅膀的能源——风能

风能是空气的动能，它是自然界中存在的取之不尽的能源之一。产生风能的源泉是太阳，地球上的各处受到太阳光照射，因受热情况各不相同，因此温度差异很大，温差进而产生大气压差。空气便由压强高的地方向压强低的地方流动，从而产生自然界普遍存在的现象——风。

风的能量是很大的，台风可以拔起大树、吹倒房屋，飓风可以把万吨巨轮掀翻。例如，1949 年 11 月，大西洋发生的一次风暴，使 600 多艘轮船覆没；我国新疆罗布泊湖附近，古代有一座楼兰城，在肆虐的沙漠风暴中被沙丘湮没。然而，风力也可被用

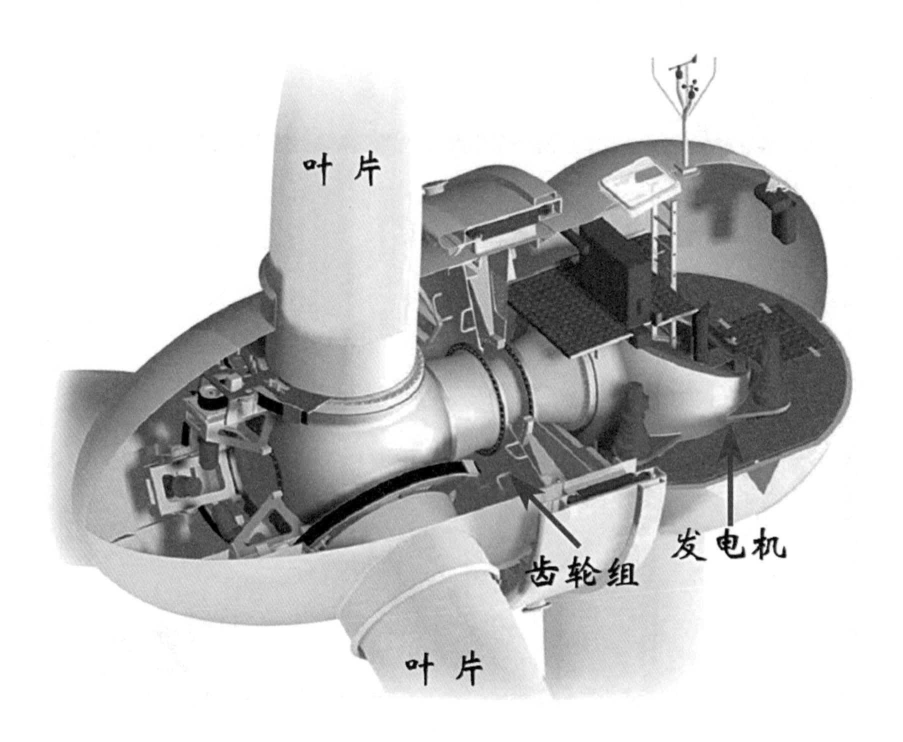

来为人类造福。人类利用风力要比煤炭和石油都要早。早在二千多年前，我国已开始用帆行船；明代发明风力水车提水；郑和下西洋率领的就是帆船队；哥伦布横渡大西洋，发现美洲新大陆，也是驾驶着帆船完成这一历史壮举的。

我国最大的风能基地——新疆达坂城风力发电站。达坂城地区是昔日丝路重镇，以一曲《达坂城的姑娘》名扬海内外，这里是目前新疆九大风区中开发建设条件最好的地区。其位于中天山和东天山之间的谷地，西北起于乌鲁木齐南郊，东南至达坂城山口。

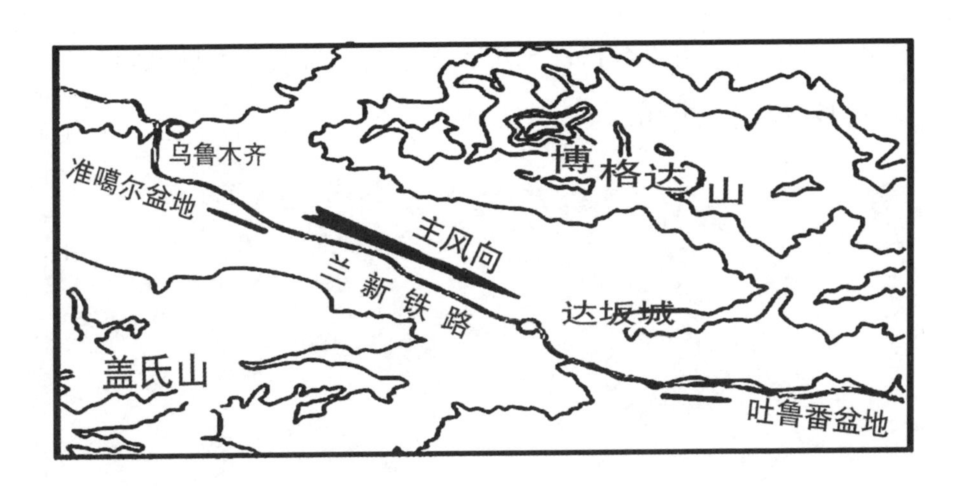

请你观察一下达坂城的地形图，想一想为什么达坂城可以建设风力发电站？

除了风能、水能、太阳能等新能源以外，我们生活中还有很

多可再生的资源可以被再次利用。想一想，你身边有哪些可再生资源可以再次利用呢？

可再生资源是指被开发利用过一次还可反复回收加工再利用的物质资源，包括以矿物为原料生产并报废的钢铁、有色金属、稀有金属、合金、无机非金属、塑料、橡胶、纤维、纸张等都称为再生资源。与使用原生资源相比，使用可再生资源可以大量节约能源、水资源和生产辅料，降低生产成本，减少环境污染。同时，许多矿产资源都具有不可再生的特点，这决定了可再生资源的回收利用具有不可估量的价值。

例如，我们平时喝牛奶的利乐包、喝饮料的塑料瓶，这些复合材料因为分解困难给环境造成很大的污染。但是这些都可以回收进行再利用。你能设计一个可行的方案来回收利用我们生活中的这些包装吗?

垃圾是放错了地方的资源，所以让我们的生活中对它进行充分的再开发利用，来解决我们生活中面临的困难与问题。

核电站小调查

核电站是利用核反应所释放的能量产生电能的发电厂。与火电厂相比，核电站是非常清洁的能源，不排放有害的“温室气体”，有利于改善地球环境质量，保护人类赖以生存的生态环境。因此有人说，核能是人类最具希望的未来能源之一。你知道核电站有哪些优势？哪些劣势吗？人们是如何权衡利弊作出选择的呢？同学们可以展开一次有关核电站的调查。

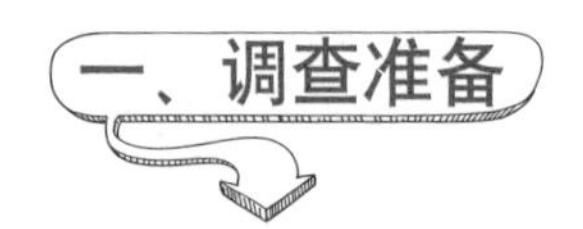

一、调查准备

（一）调查背景

1. 什么是核电站

核电站是指通过适当的装置将核能转变成电能的设施。以核反应堆来代替火电站的锅炉，以核燃料在核反应堆中发生特殊形式的“燃烧”产生热量，从而实现发电。

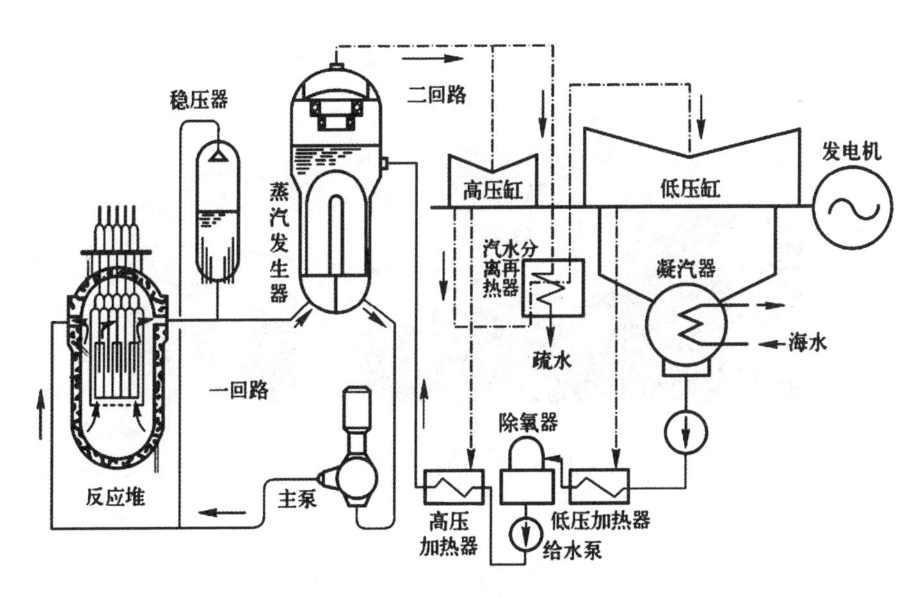

核电站原理流程图

核电站能量转化过程：核反应堆的能量→水的热能→汽轮机的机械能→带动发电机产生电能。

2. 核能的特点

作为新型清洁能源，核能发电越来越引起人们的关注。下列是核能发电的特点。你知道哪些是核能发电的优势，哪些是它的劣势吗？请将核能发电的优势和劣势分别填写在表格中。

(1) 清洁能源，不会造成空气污染。

(2) 产生放射性废料，或者是使用过的核燃料，必须慎重处理。

(3) 热效率较低，排放出更多的废热，对环境的热污染较严重。

(4) 常易引发政治歧见的纷争。

(5) 发电成本较为稳定。

(6) 无碳排放，不会加重地球温室效应。

（7）核能发电所使用的铀燃料，除了发电外，暂时没有其他的用途。

（8）投资成本太大，电力公司的财务风险较高。

（9）能量密度高，故核电站所使用的燃料体积小，运输与储存都很方便。

（10）核电较不适宜满负荷运转，也不适宜低于标准负荷运转。

（11）反应器内有大量的放射性物质，如果在事故中释放到外界环境，会对生态及民众造成伤害。

核电站优势	核电站劣势

（二）调查目的

通过对不同国家或地区利用核电站情况的调查，根据实际调查情况，分析各地区如何使用核电站，调查人们是否有效地利用核能的优势、避免它的劣势，并针对其中的劣势，提出相关实质性的建议，促使人们改进核电发电，实现能源的可持续发展。

（三）调查方法

我选择________________________________调查方法。

（四）制订计划

请同学们确定活动的主题，制订计划，做好调查准备。

调查活动准备记录表		
1	小组成员	
2	人员分工	
3	活动时间	
4	困　难	
5	解决办法	

二、调查研究

选择适合的调查研究方法，并设计调查方案，与小组成员一起开展调查活动。

同学们可以借鉴下面的问卷进行调查，根据实际情况自行增减、更换调查项目，或者独立设计新的调查表展开活动。也可以选择其他调查研究方法进行调查，并将调查设计方案写出来。

有关核电站的小调查

调查人员：________________ 调查时间：____________________

序号	有关核电站的调查问题
1	您的年龄是 ______ ？ A.6—12 岁 B.13—18 岁 C.19—25 岁 D.26—35 岁 E.35 岁以上
2	您的职业是 _______ ？ A. 学生 B. 教师或公务员 C. 工人 D. 医生 E. 农民 F. 商人 G. 从事核电领域的科研人员 H. 其他 ________________________
3	您所在的地区利用何种能源？ A. 煤炭 B. 石油 C. 天然气 D. 地热能 E. 核能
4	您通过何种渠道了解过核电站？ A. 从未了解 B. 电视广播 C. 手机软件 D. 报纸杂志 E. 书籍
5	您所在的地区是否有关于核电站的宣传教育栏？ A. 有，经常看到 B. 有，但没注意看 C. 不太了解 D. 无，从未了解
6	您认为核能发电的优点是什么？ A. 清洁 B. 高效 C. 安全 D. 造价高 E. 核辐射 F. 其他 ____________
7	如果您所在的地区即将建设核电站，您会有哪些顾虑？ A. 核辐射大 B. 造价高 C. 维护成本高 D. 热污染严重 E. 其他 ____________
8	您认为大量建设和发展核电站是否有利于改善空气质量等环境问题？ A. 是 B. 否 C. 不确定 D. 不了解
9	权衡利弊，您是否支持国家建设核电站？ A. 支持 B. 反对 C. 无所谓 D. 其他 ________________________
10	您对建立核电站有什么想法吗？ ____

综合上述调查，我发现：________________________________

____

____

三、调查分享

通过调查不同地区人们对核电站的了解情况，你对此有什么看法？对于核电站的优劣势你有了哪些新的认识？请你汇总调查信息和结果，并和老师、同学们一起交流分享。

实验小达人：蒸鸡蛋

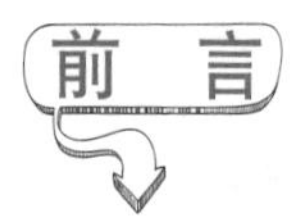

鲜嫩可口的鸡蛋是我们都爱吃的美食，有的人采用沸水煮的方法，有的人采用蒸汽蒸的方法。那么哪种方法更好，我们今天就通过对比实验来寻找这两种方法的区别。

实验材料

蒸　锅

计时器

生鸡蛋 6 枚

实验步骤

1. 先将适量的冷水倒入蒸锅内。

2. 将洗净的 3 枚鸡蛋放入水中，另外 3 枚放在蒸屉上，盖好锅盖，开始加热。

3. 利用计时器记录时间，分别在 3 分钟、6 分钟、9 分钟从两处各取出 1 枚鸡蛋。取出时小心蒸汽，不要使身体直接碰触锅具。

4. 剥开蛋壳并观察蛋液的凝固程度并做好记录，得出结论。

温馨提示：防止烫伤

实验记录

请用文字描述或者绘画的方式来做记录。

方法 时间	沸水煮蛋	蒸汽蒸蛋
3 分钟		
6 分钟		
9 分钟		

实验结论

通过以上数据你发现了什么？想一想为什么会有所不同？

我们都知道煮鸡蛋是即可口又富有营养的食物，但是在制作过程中时间过长或过短不但没有太多营养反而会对人体有危害，口感也不是很好。你们想知道利用蒸汽的力量多长时间可以蒸出鲜嫩有营养的鸡蛋吗？我们一起来试一试。

实验材料

蒸　锅

计时器

生鸡蛋 2 枚

实验步骤

1. 先将适量的冷水倒入蒸锅内。

2. 将洗净的 2 枚鸡蛋放在蒸屉上，盖好锅盖，开始加热。

3. 当水沸腾后停止加热，取出 1 枚鸡蛋，剥开蛋壳并观察蛋液的凝固程度。

4. 另 1 枚鸡蛋继续放在锅内，焖 5 分钟后取出并观察。

5. 得出结论。

实验记录

现象 / 时间	蛋液凝固程度
沸腾后	
沸腾后焖 5 分钟	

实验结论

两枚鸡蛋中你觉得哪一个熟了？

拓展实验

在家里我们是不是可以利用这种对比方法来寻找沸水煮鸡蛋的最佳时间呢？快去试一试！

时 间	蛋液凝固程度

实验揭秘

一个锅里，蒸汽蒸鸡蛋比沸水煮鸡蛋快。因为蒸气温度高，蒸气一次放热变成水后还要二次放热，所以蒸鸡蛋能使鸡蛋获得更多热量，熟得更快。

鸡蛋煮的时间过长，内部就会发生一系列的化学变化，蛋白质的结构也会变得紧密，非常不容易和胃液中的消化酶进行接触，蛋白质很难被消化，营养价值会因此降低。

相比于过熟的鸡蛋，没有煮熟的鸡蛋对人体的危害更大。因为生鸡蛋可能存在细菌污染问题，还存有其他有害物质，如果食用，会导致人体生物素缺乏，从而会产生精神疲倦、肌肉酸疼等症状。

所以煮鸡蛋有很大的学问。大家都学会了吗？

消化酶

消化酶：参与消化的酶的总称。一般消化酶的作用是水解，有的消化酶由消化腺分泌，有的参与细胞内消化。细胞外消化酶中，有以胃蛋白酶原、胰蛋白酶原、羧肽酶原等一些不活化酶原的形式分泌然后再被活化的。

缺少消化酶会导致食物的不完全分解，然后集中在结肠，容易造成消化不良、变性疾病和快速老化等病变。

博物学习营：走进朝阳循环经济产业园

人类每天都会制造大量的垃圾，这些生活垃圾都去哪儿了呢？那就让我们一起到北京市朝阳循环经济产业园去揭开谜底吧！

北京市朝阳循环经济产业园填埋场

请你把下面的垃圾进行分类并连线。

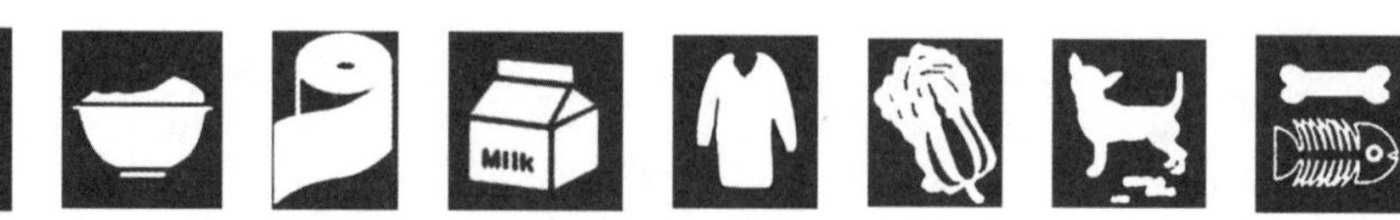

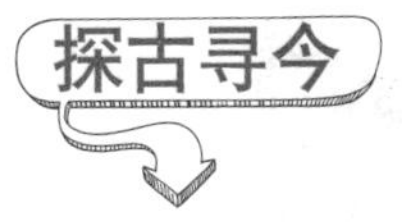

城市生活垃圾属于城市生活固体废弃物的一种，主要是指在日常生活中或者为日常生活提供服务的活动中产生的固体废弃物以及法律、行政法规规定视为生活垃圾的固体废弃物。你知道生活垃圾主要有几种处理方式吗？请你快去找找答案吧！

垃圾处理方式	优点	缺点
焚　烧		
		1. 对垃圾分类要求高； 2. 有氧分解过程中产生的臭味会污染环境； 3. 受肥料产品质量及销售因素影响，可能导致运行成本过高。

城市生活垃圾的大量增加，使垃圾处理越来越困难，由此而来的环境污染等问题逐渐引起社会各界的广泛关注。实行生活垃圾减量化、资源化、无害化处理势在必行。而垃圾分类是对垃圾

进行分类处置的前提条件和重要环节，进行分类以后可以提高垃圾焚烧热值，并且还能够有效的减少环境污染。

请你写出不同分类垃圾的处理过程。

餐厨垃圾 ⇨

可回收物 ⇨

其他垃圾 ⇨

拓展延伸

食堂、饭店等场所产生的餐厨垃圾，还有小区里分好类的厨余垃圾，都会被送到这里进行生化处理。我们吃的草莓就是由生活垃圾经过生化处理后转化成的肥料种植出来的。

BGB 草莓抗重茬菌剂草莓种植

小知识

什么是生化处理？一种方式就是把餐厨垃圾变为沼液，再进行沼气发电；另一种方式就是通过生物发酵技术，把餐厨垃圾转化为肥料。

你们还知道通过我们生活垃圾而转化成的物品吗？给我们介绍一下吧！

环保 DIY：自制太阳能烤炉

前面我们学习了解了很多新能源的知识。这些新能源能为我们做什么事呢？下面请大家跟着老师，一起做一个小装置，感受一下太阳能为我们带来什么便利吧。

一、准备材料

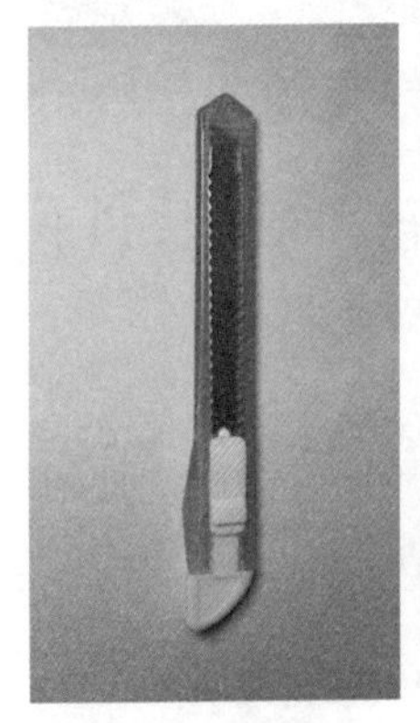

美工刀

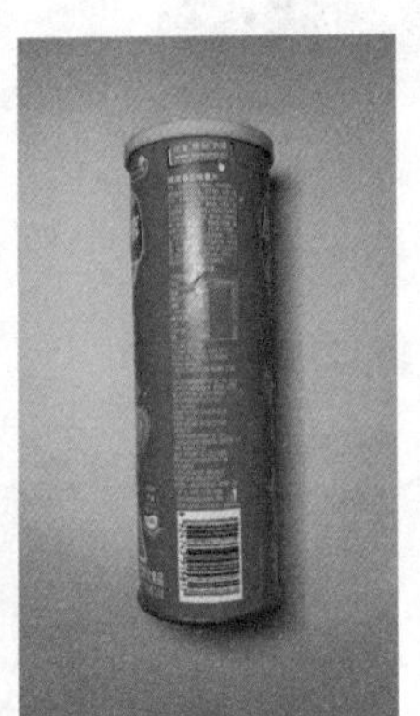

薯片罐

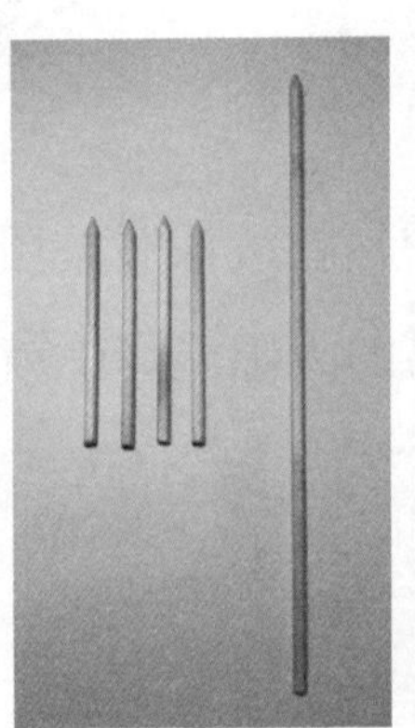

竹　签

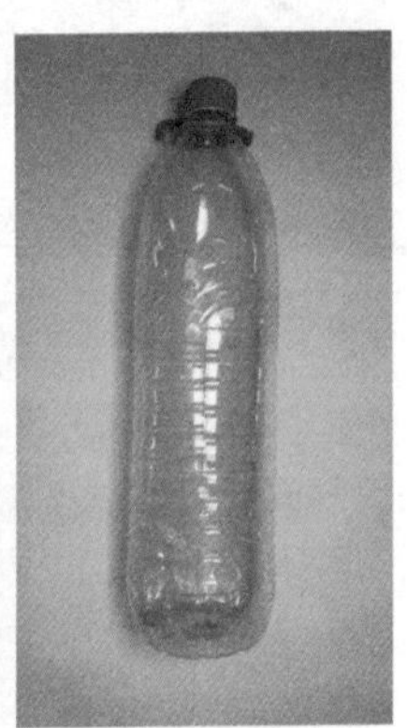

可乐瓶

1. 将薯片罐的盖上戳一个圆孔，将竹签穿入，固定。

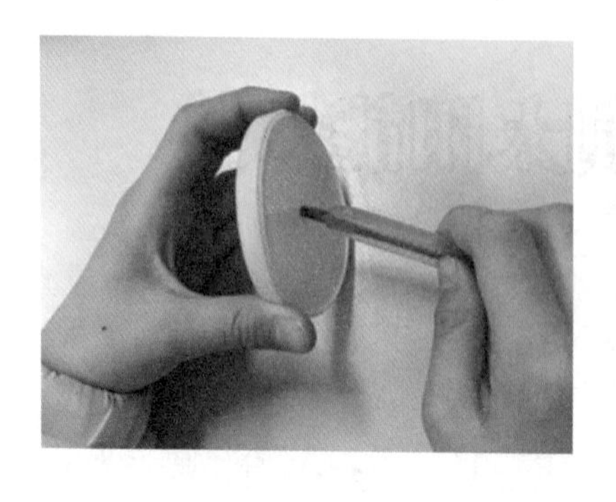
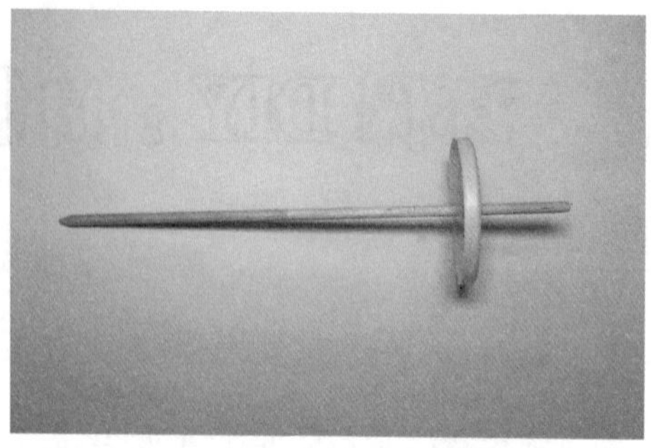

2. 去除薯片罐的半个罐身，将底部戳一同样大小的圆孔，给罐做四个支架，便于放置在地面上。

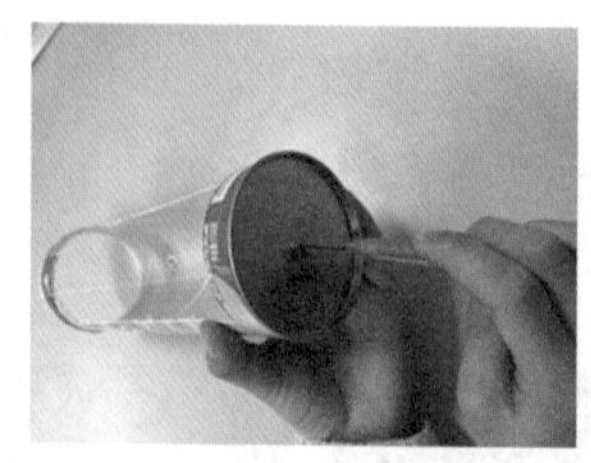
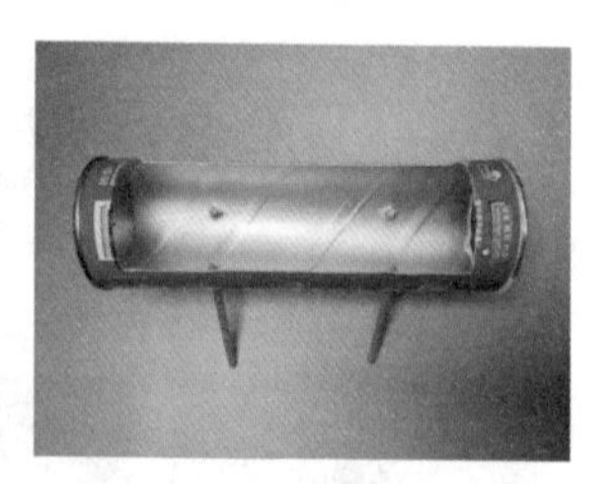

3. 组装烤炉，将可乐瓶按照薯片罐的大小剪出一个盖，装上把手。一个简易的太阳能烤炉就做好啦！

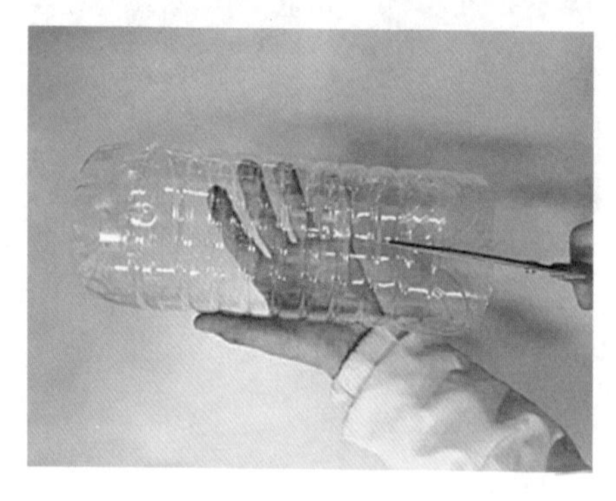
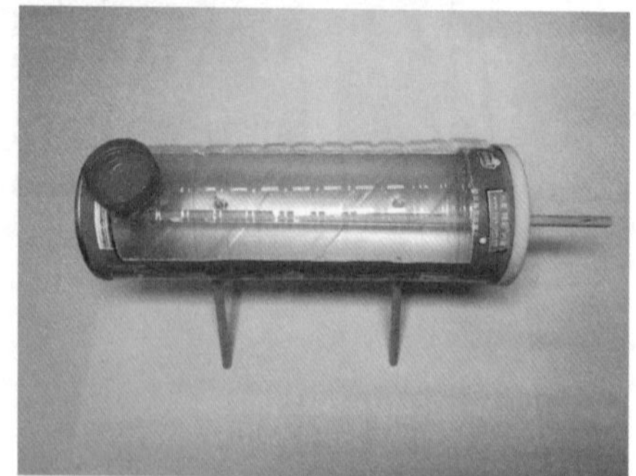

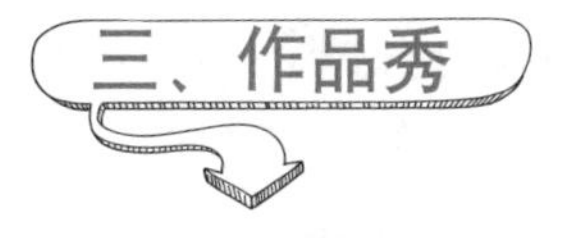

三、作品秀

把你的美食放进烤炉，让它到烈日下接受“烤验”吧！

说一说

1. 太阳能烤炉的工作原理是什么？制作过程中你有哪些困难？

2. 为什么我们要采用薯片罐和可乐瓶这样的材料？可不可以替换成其他材料？换成什么材料？

3. 如果我们要把鸡蛋做熟，可以怎么改造？画出你的设计方案。

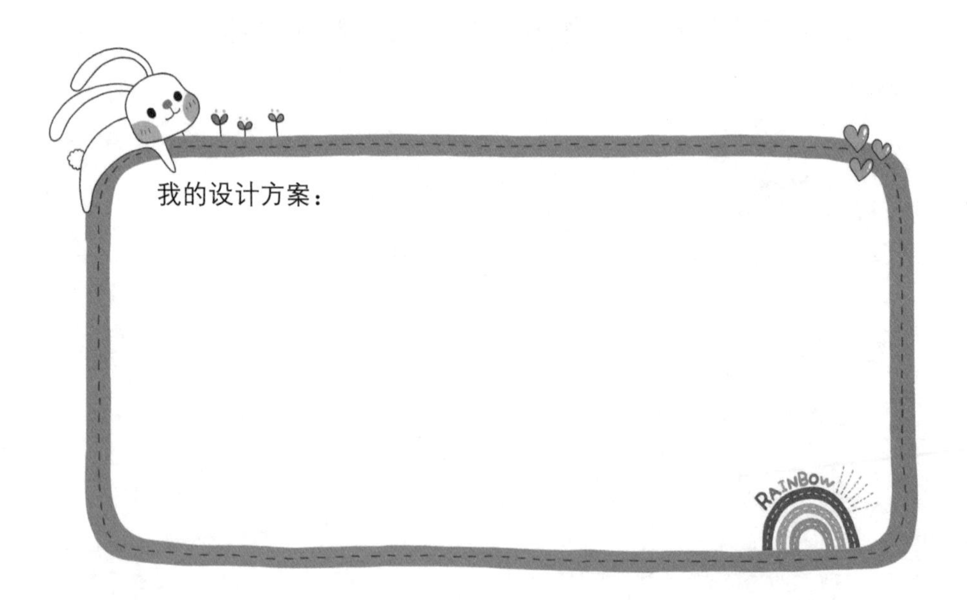

节约能源

畅想绿色生活

良好的生态环境是大自然赋予人类的宝贵财富，这笔财富的传承也离不开人类的守护。

“绿色生活”这个词语同学们一定不陌生，那什么才是绿色生活呢?

绿色生活是人与环境和谐相处的一种生活理念和生活方式，在衣食住行方面体现为节约能源资源、爱护生态环境、注重文明健康。我们要了解绿色生活的含义，真正付诸行动，最终养成绿色生活的习惯。

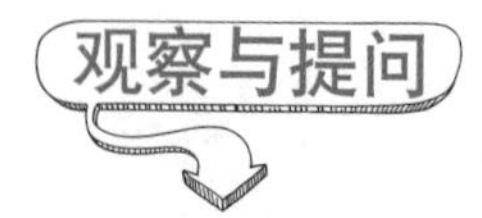

请你认真观察下图，写一写每张图代表了哪种“绿色生活”方式？

学习与体验

我国现在已经把生态环境的作用上升到文明兴衰的高度。在这样的生态环保思想定位下，我国确立了尊重、顺应和保护自然的环保工作理念，明确了以节约优先、保护优先、自然恢复为主的环保工作方针，定下了“山水林田湖草是一个生命共同体”的系统化环保方法论，并提出要用最严格的制度、最严密的法治保护生态环境。

请你阅读以下三句口号，谈一谈你如何理解这三句口号？并思考国家为什么提出这些口号？

“生态兴则文明兴，生态衰则文明衰”

“绿水青山就是金山银山”

"保护生态环境就是保护生产力、改善生态环境就是发展生产力"

推动形成绿色发展的生活方式，努力建设天蓝、地绿、水清的美丽中国，形成了科学系统的生态文明建设重要战略思想，为我国经济和社会发展提供了强大的思想指引、根本遵循和行动指南。

2015 年 9 月 1 日，在北京举行的"节能减排全民行动"启动仪式上，科技部发布了"36项日常生活行为节能减排潜力量化指标"研究成果和《全民节能减排手册》。研究结果表明，个人生活点滴中的节能

减排潜力巨大，百姓日常生活中衣、食、住、行、用五个方面的36项日常行为年节能总量可达7700万吨标准煤，相应减排二氧化碳约2亿吨，经济、社会和环境效益十分显著。

请你在课下认真阅读《全民节能减排手册》。低碳生活应该从我们的家庭开始。想一想，在你的家庭中，还应该在哪一条进行践行和实施呢？请你写一写你的实施方案。

请你根据手册内容，针对你的家庭的衣、食、住、行、用，作出一日节能减排方案并记录完成情况。

我家一日节能减排方案		
实施日期：________		
	我选取的节能减排方案	是否完成
衣		
食		
住		
行		
用		

绿色生活方式体现在生活衣、食、住、行的点点滴滴当中。请你试着用小漫画的形式把“我家一日节能减排方案”画出来吧！例如：

探究与发现

过量二氧化碳排放导致的全球气候变暖已经极大地威胁到地球上人类的生存。人们只有通过改变全球人类对于二氧化碳排放的态度，才能减轻这一威胁对世界造成的影响。

“地球一小时”（Earth Hour）就是世界自然基金会（WWF）应对全球气候变化所提出的一项全球性节能活动，提倡于每年三月的最后一个星期六，当地时间 20：30，家庭及企业用户关上不必要的电灯及耗电产品一小时，以此来表明人们对应对气候变化行动的支持。

“地球一小时”宣传图

“地球一小时”活动首次于 2007 年 3 月 31 日 20：30 在澳大利亚悉尼市展开，当晚，悉尼约有超过 220 万户的家庭和企业关闭灯源和电器一小时。事后统计，熄灯一小时节省下来的电足够 20 万台电视机用 1 小时，5 万辆车行驶 1 小时。仅仅一年之后，“地球一小时”就已经被确认为全球最大的应对气候变化行动之一，成为一项全球性并持续发展的活动，直到今天。

“地球一小时”活动的目的仅仅是为了省电吗？请你谈谈你的看法。

在行为心理学中，人们把一个人的新习惯或理念的形成并得以巩固至少需要 21 天的现象，称之为 21 天效应。那从今天起，请你坚持在接下来的 21 天里，每天 20：30 开始，关闭不必要的电灯及耗电产品一小时并记录下来。

21 天“地球一小时”实践表

日期		是否完成	日期		是否完成	日期		是否完成
Day1			Day2			Day3		
Day4			Day5			Day6		
Day7			Day8			Day9		
Day10			Day11			Day12		
Day13			Day14			Day15		
Day16			Day17			Day18		
Day19			Day20			Day21		
请在完成任务的日期后画“√”								

希望你在之后的每一个“21 天”里，都能够进行“地球一小时”的活动。相信我们每个人的一小步，将会是地球的一大步。

我们推崇绿色生活，那么践行绿色生活方式的同时，还能营造舒适的生活吗？二者之间是否存在冲突呢？请大家根据本节所学的内容进行小组讨论，并汇报。

在生存环境日益恶化的今天，地球生态已经给人类敲响了警钟，只有大力实行节能减排，倡导绿色生活，才能使我们和我们的后代健康地生存和发展下去。绿色生活，与每个人、每个家庭息息相关，从身边做起，从你我做起，从现在做起。

绿色出行小调查

绿色出行就是采用对环境影响最小的出行方式，节约能源、提高能效、减少污染、有益健康、兼顾效率。你知道有哪些绿色出行方式呢？绿色出行有哪些好处呢？人们对绿色出行的态度又是如何的呢？同学们可以展开一次有关绿色出行的调查。

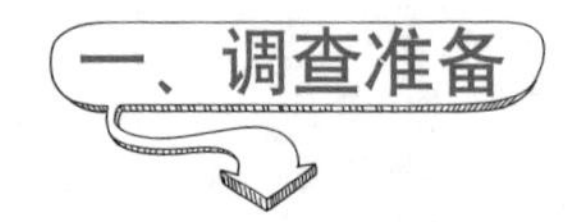

（一）调查背景

1. 什么是绿色出行

汽车工业的发展为人类带来了快捷和方便，但同时导致了能源消耗和空气污染。道路畅通是绿色出行的核心，一方面提高了出行效率，降低社会运行成本；另一方面是为了减少机动车污染排放。

2. 你知道下图的行为属于哪种绿色出行方式吗

(　　　　)　　　　(　　　　)

(　　　　)　　　　(　　　　)

3. 你了解的绿色出行方式还有哪些？请用文字或画图的方式表达

（二）调查目的

通过对北京市民绿色出行情况的调查，分析人们是否了解绿色出行，如何看待共享单车，并针对其中的问题，提出相关实质性的建议，号召人们绿色出行。

（三）调查方法

我选择 ________________________ 调查方法。

（四）制订计划

请同学们确定活动的主题，制订计划，做好调查准备。

调查活动准备记录表		
1	小组成员	
2	人员分工	
3	活动时间	
4	困　难	
5	解决办法	

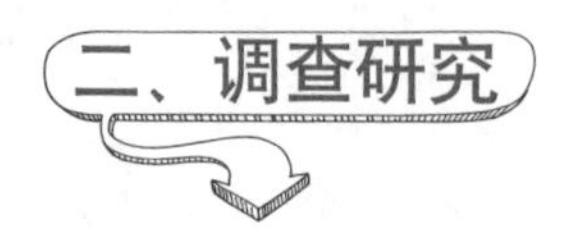

选择适合的调查研究方法，并设计调查方案，与小组成员一起开展调查活动。

同学们可以借鉴下面的问卷进行调查，根据实际情况自行增减、更换调查项目，或者独立设计新的调查表展开活动。也可以选择其他调查研究方法进行调查，并将调查设计方案写出来。

有关绿色出行的小调查

调查人员：________________ 调查时间：____________________

序号	有关绿色出行之共享单车的调查问题
1	您的年龄处于哪个阶段？ A. 小学生 B. 初中生 C. 高中生 D. 大学生 E. 上班 F. 退休
2	您居住在什么地区？ A. 二环以内 B. 二环至三环间 C. 三环至四环间 D. 四环至五环间 E. 五环以外
3	您工作或学习的地点位于什么地区？ A. 二环以内 B. 二环至三环间 C. 三环至四环间 D. 四环至五环间 E. 五环以外
4	您一般选择的出行方式有哪些？（可多选） A. 公交车 B. 地铁 C. 自行车 D. 私家车 E. 出租车 F. 拼车
5	如果您是短距离出行，是否会选择共享单车？ A. 是 B. 否
6	您选择使用共享单车的频率？（可多选） A. 经常使用 B. 偶尔使用 C. 用过几次 D. 没用过 E. 未达到年龄，不能使用
7	您认为共享单车有哪些优点？（可多选） A. 价格便宜 B. 方便快捷 C. 低碳环保 D. 省时间 E. 有益健康
8	您认为共享单车有哪些缺点？（可多选） A. 影响公共环境 B. 供大于求 C. 安全隐患 D. 影响交通 E. 私人占有、损坏 F. 个人信息泄露
9	您认为共享单车的出现是否有利于人们养成绿色出行的习惯？ A. 是 B. 否 C. 不确定
10	您对共享单车有什么建议或意见吗？ ______________________________

综合上述调查，我发现：____________________________

____

____

____

通过调查人们对绿色出行的了解情况，你对此有什么看法？对于共享单车的优劣势你有了哪些新的认识？请你汇总调查信息和结果，并和老师、同学们一起交流分享。

实验小达人：无火取热

用火来取热对于我们来说并不陌生，但是在生活节奏加快的今天，衍生出了更为便捷的取热方式——利用化学能取热。今天我们就来进一步了解化学能取热的方法和效果是怎样的，我们将通过三个对比实验来验证。

实验材料

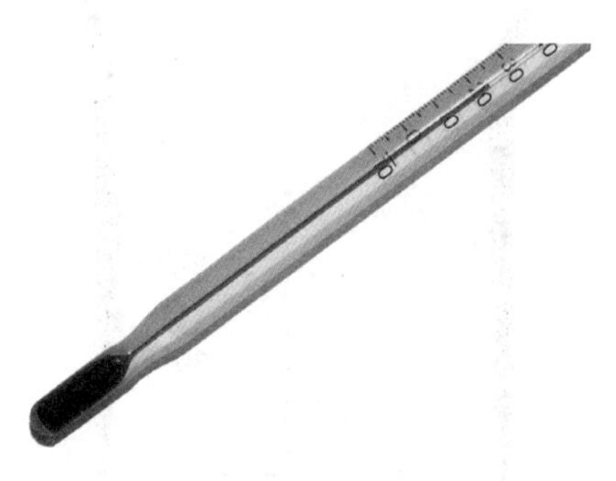

温度计

发热包

计时器

水

酒精灯

三角架

火　柴

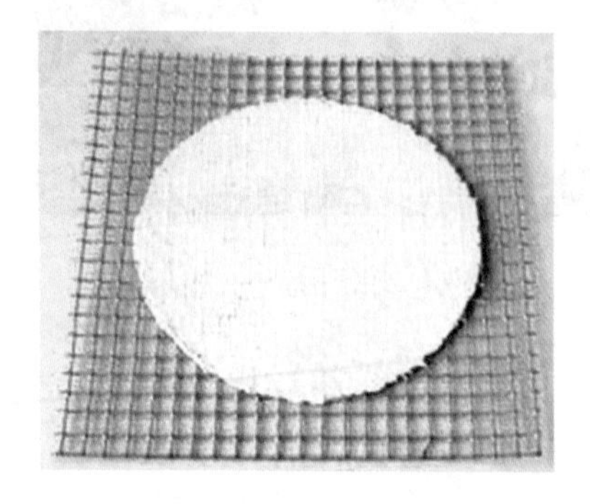

石棉网

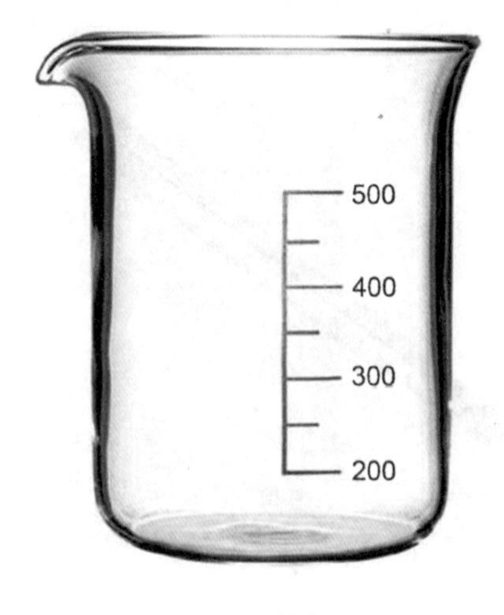

500ml 烧杯

实验步骤

1. 先将500ml水倒入烧杯中，并组装好酒精灯、三角架和石棉网。

2. 把烧杯放在石棉网上，开始加热并计时。

3. 放入温度计，当水温达到100℃时，熄灭酒精灯，并记录用时情况。（注意温度计的正确使用方法）

4. 将发热包放入另一装有500ml水的烧杯中，插入温度计，开始计时。

5. 当水温达到100℃时，将用时情况记录在实验记录的表格中。

实验结论

化学方法取热与日常方法给水加热两者分别有什么优缺点？

化学方法加热在我们的生活当中较少使用，更多的方法是用电取热，你能说一说我们常见的用于加热的电器有哪些吗？

用电取热的方法又与我们实验一中的两种取热方法相比有什么优缺点？下面我们来一起做一个对比实验。

实验材料

电磁炉

500ml 烧杯

水

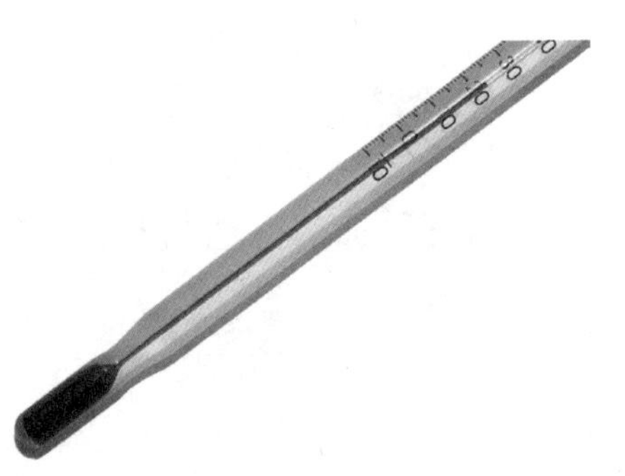
温度计

实验步骤

你能结合上一个实验自己写一写实验步骤吗?

实验记录

给水加热方法	水沸腾用时
化学方式	
酒精灯	
电磁炉	

实验结论

第三种加热方法与其他两种相较有什么优缺点吗?

实验揭秘

市场上流行一种自热盒饭，加热方式就是用发热包加热。这种加热包遇到水后在3—5秒钟内即刻升温，温度高达150℃以上，蒸汽温度达200℃，最长保温时间可达3小时，很容易将生米做成熟饭。发热过程中无任何污染，而且成本低廉，非常方便。

发热包内部装的是氧化钙（生石灰）与水反应生成氢氧化钙的同时释放大量的热量，我们就是利用这个化学原理产生的能量把饭菜加热。

在生活中我们会遇到生石灰这种化学用品，尤其是在建筑工地中经常出现，遇到水后会释放出大量的热量，操作不当会灼伤人体皮肤，所以我们在使用中要注意安全。

博物学习营：走进北京电力展示厅

探究起航

电能被广泛应用在动力、照明、化学、纺织、通信、广播等各个领域，是科学技术发展、人民经济飞跃的主要动力。电能在我们的生活中起到重大的作用。让我们一起走进北京电力展示厅去学习吧！

以下对 1 度电的作用描述准确吗？先想想，然后从场馆内找出正确答案，若错误的请改正过来。

描述	猜想	错误改正
家用电热水壶烧开水约 8 升		
电动自行车行驶约 50 公里		
给手机充电约 100 次		
看液晶电视约 15 小时		

通过这个体验，你有什么感受吗？

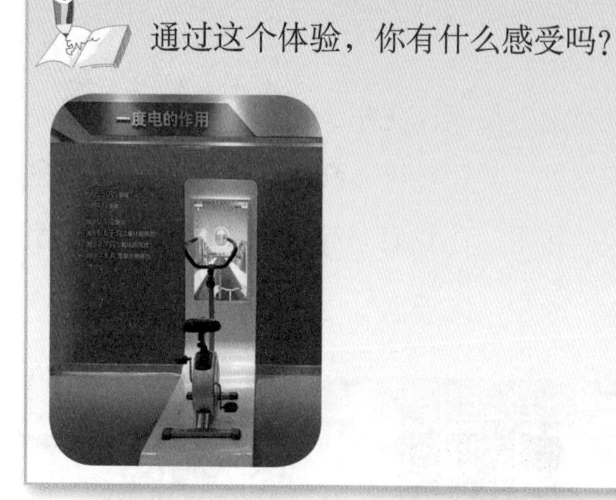

很多人可能觉得 1 度电微不足道，节约 1 度电没有任何意义，可就是这区区 1 度电却有相当大的用处，能为生活带来不少便利。同时节约 1 度电，对我们节约资源、保护环境也有不小作用。

探古寻今

自 17 世纪以来，电能的发展经过了一段很长的历程。让我们穿越时空一同分享发电的经过、电的用途和电对人类和科学的各种贡献吧！

1831—1866 年，人们开始获得持续的电流。西门子制成第一台自励式直流发电机，法拉第制造了最早的自激式发电机。

1879—1882 年，爱迪生发明白炽灯。此后人类开始走上科技发展快车道，人类迈进电气化时代。日常生活中使用的电能，主要来自其他形式能量的转换，包括水力发电、火力发电、风力发电、核电、电池及光电池、太阳能电池等。

低碳环保，早已成为社会发展趋势，这其实是我们对过去片面追求发展、追求舒适生活而造成浪费的反思和行动。过度的能源消费，透支了人类未来的发展潜力，节约能源势在必行。

珍爱美丽家园

你知道下面图片表示的是哪种发电方式？想一想哪种方式低碳环保？

日常生活中常用电器如何使用才能节能呢？

家用电器	电器节能方式

续 表

家用电器	电器节能方式

作为交通工具的汽车，每天要排放大量的有害气体，是重要

的大气污染发生源，对人体健康和生态环境带来严重的危害。节能减排是汽车产业发展的永恒主题，不断加强节能减排工作，已成为我国经济实现又好又快发展的迫切需要。

电动汽车有哪些优点呢？答案就在游戏中哦！

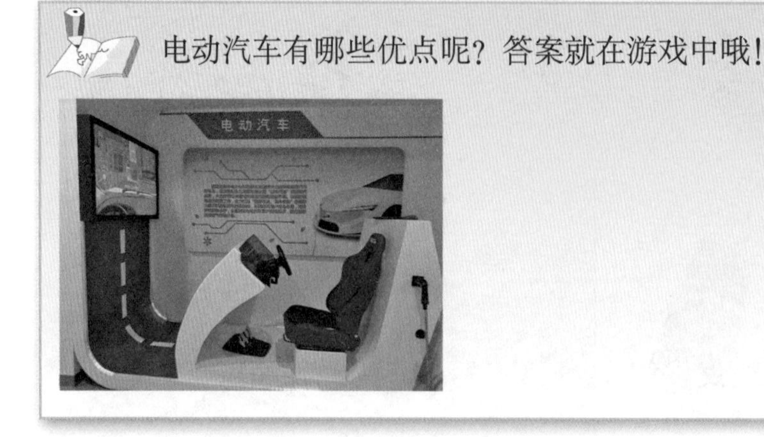

一些简单易行的改变，就可以减少能源的消耗。例如，离家较近的上班族可以骑自行车上下班而不是开机动车；短途旅行选择火车而不搭乘飞机；夏季将空调温度设置到 26℃以上……还可以根据不同的环境、地点，进行适当的调整。在你的生活中，还有哪些节能减排的做法呢？

环保 DIY：小小发明家

绿色生活，不仅包括节能节电、低碳出行，还包括很多有创意的生活，只要很好的利用生活中废旧物品，它们就能再次为我们生活服务，变废为宝。

在史家小学，就有一群同学发起了“环保布袋 DIY”的公益行动。他们号召把旧衣物进行改造，稍加点缀变成实用的手提袋，再次利用。

此外，废旧物品还能做很多有用的东西。多年来，史家小学的同学们针对如何利用废旧物品进行尝试，开展了多种精彩活

动，甚至有的同学还拥有了属于自己的小发明。例如，空调冷凝水发电装置（下图）就是 2007 年赵瑞琪同学的小发明，它能够收集教学楼管道里的空调冷凝水进行发电，点亮教学楼道的照明灯。

我们的地球与环境社团的团员还有很多小制作。例如，利用气球、旧饮料瓶和旧光盘制作的空气炮和气垫船，利用旧塑料杯制作的计时器，利用旧水瓶制作的浮沉子，利用旧矿泉水瓶制作的花瓶，利用旧纸箱制作的创意相框等。

空气炮

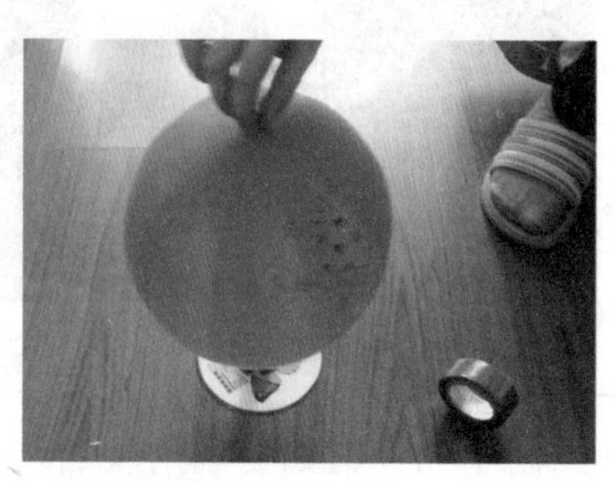

气垫船

浮沉子

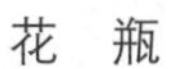

花　瓶

创意相框

除此之外，还有很多有创意的手工艺品。请大家欣赏……

太阳花

大　雁

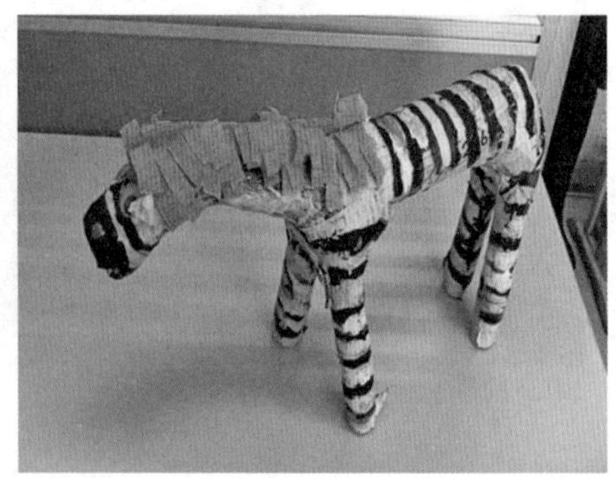

动物乐园

今天，让我们利用废旧衣服，编织一块个性的手工地毯，变废为宝吧！

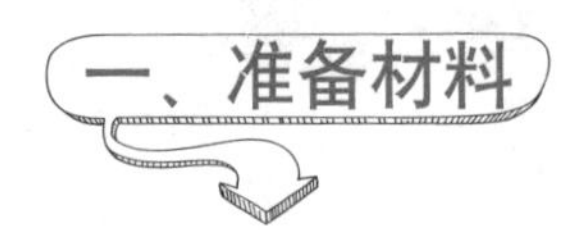

一、准备材料

旧衣服、剪刀、针线包。

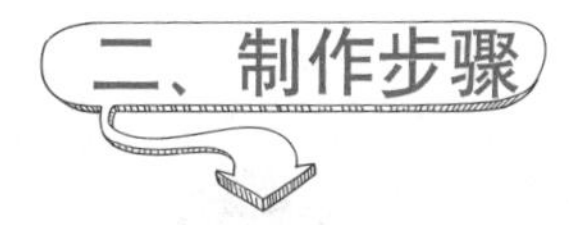

二、制作步骤

1. 将旧衣物剪成布条，棉布衣服大约 4cm，牛仔裤布大约 3cm。

2. 都剪好后缠成团备用。

3. 把布条编成辫子。

4. 将编好的辫子从内到外绕圈圈，绕成圆垫子之后，用针线缝合到一起。一块漂亮的手工地毯就完成啦！

三、作品秀

你对自己精心制作的作品满意吗？快来秀一秀你的个性手工地毯吧！

想一想

同学们，除了以上的旧物改造，你还能利用废旧物品制作什么？

做一做

画出你的设计图，找找身边的废旧物品，尝试自己做一做吧。

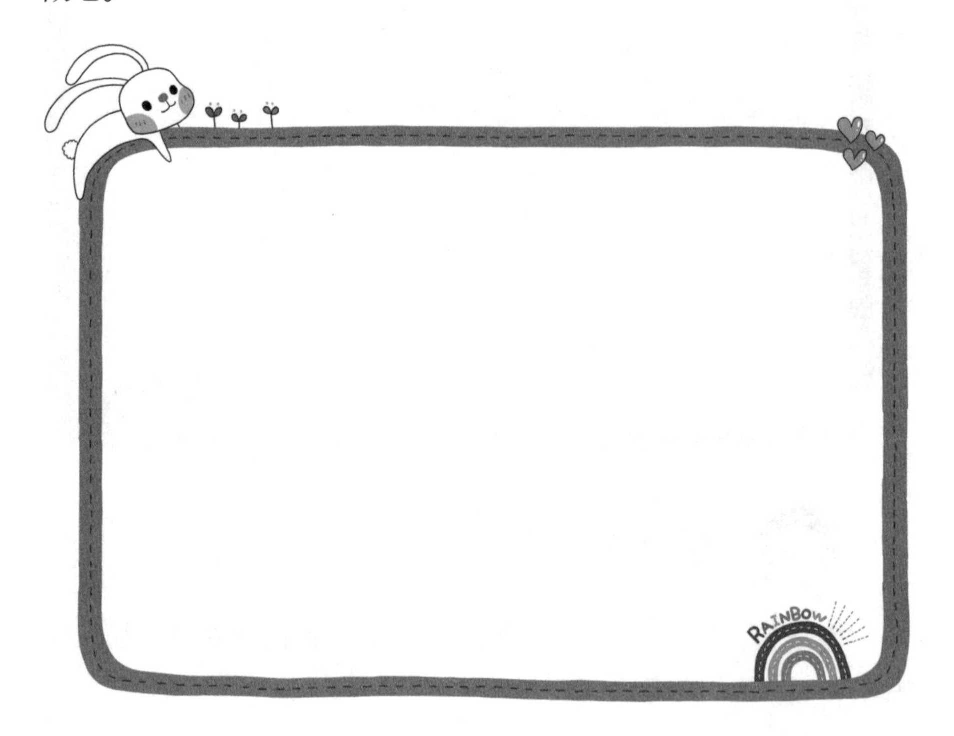

后 记

党的十九大报告提出："必须树立和践行绿水青山就是金山银山的理念，坚持节约资源和保护环境的基本国策，像对待生命一样对待生态环境。"建设美丽家园已经成为中华民族的中国梦，而每一位中国公民都是追梦人，更是圆梦人。树立建设美丽家园的理念，更应该从娃娃抓起，紧抓学校教育这一主渠道开展积极有效的绿色环保教育。为此，史家教育集团的老师们积极落实党的十九大精神，完善与丰富学校无边界课程体系，在积极探索与实践中研发了"珍爱美丽家园"这一系列以地球与环境为主题的环保教育课程，结集在《生命之源——水》《生存之本——粮》《生活之力——能》三本书中，正式出版。

《生活之力——能》在编写过程中得到中国科技馆、北京电力展览馆、北京环科所等诸多单位的大力支持，他们为本册教材提供了丰富的素材资料，各种资源单位的专家、学者多次指导修订设计内容，为本书的编写提供了有力保障。北京市东城区教师研修中心多位教研员、北京市东城区教委相关科室的各位领导也在本书的编写过程中给予精心指导。

在课程实验阶段，校内人文科技部的全体教师以及所有班主任老师主动承担教学的组织实施工作，确保教学活动顺利进行，课后主动及时地收集各种反馈信息，为课程设计的完善和修改提供了宝贵的意见与建议。在本书付梓之际，向所有参与本书编辑的专家学者及各位同人表示衷心的感谢。

编 者

2018 年 2 月

参与编写工作人员：

高江丽、王连茜、张滢、徐卓、张蕊、张珷轩、汪卉、杨奕、霍维东、范欣楠、曹艳昕、罗曦、卢明文、郭红、李岩辉、张牧梓、徐虹、杨扬、李璐、崔玉文、周舟、耿芝瑞、于佳、徐愫祺、王宁、王雯、张彬、潘璇、翟玉红、杜建萍、李焕玲、刘姗、王珈、杜楠、孙莹、金晶、李红卫、滕学蕾、刘静、张鹏静、白雪、史亚楠、付燕琛、李婕、王华、陈璐、安然、葛攀、王滢、黎童、张春艳、李梦裙、王建云、祁冰、徐丹丹、许觊潘、秦月、潘锶、李超群、李文、冯思瑜、李乐、李丽霞、佟磊、许富娟、鲍虹、温程、石濛、范鹏、贾维琳、史宇佩、王竹新、祖学军、侯琳、海琳、马岩、彭霏、王颖、赵苹、闫春芳、吴金彦、梁晨、闫旭、王丹、陈玉梅、许爱华、沙焱琦、宋宁宁、化国辉、李惠霞、王香春、范晓丽、孔继英、蔡琳、张伟、陶淑磊、王秀军、张鑫然、张艾琼、崔敏、杜欣月、乔龙佳、龚丽、李静、徐莹、刘岩、满文莉、孔宪梅、乔淅、魏晓梅、崔旸、王瑾、刘迎、张书娟、刘玲玲、迟佳、刘力平、王静、张京利、高金芳、王艳冰、郭文雅、吴丽梅、田春丽、李晶、付莎莎、杨春娜、张培华、马晨雪、黄呈澄、叶楠。

责任编辑：刘松弢

图书在版编目（CIP）数据

生活之力——能 / 洪伟 主编 . —北京：人民出版社，2018.9
（珍爱美丽家园）
ISBN 978－7－01－019645－9

I. ①生… II. ①洪… III. ①能源－普及读物 IV. ① TK01-49

中国版本图书馆 CIP 数据核字（2018）第 180523 号

生活之力——能

SHENGHUO ZHI LI——NENG

洪 伟 主编

人民出版社 出版发行
（100706 北京市东城区隆福寺街 99 号）

北京汇林印务有限公司印刷 新华书店经销

2018 年 9 月第 1 版 2018 年 9 月北京第 1 次印刷
开本：710 毫米 ×1000 毫米 1/16 印张：7.25
字数：78 千字

ISBN 978－7－01－019645－9 定价：49.00 元

邮购地址 100706 北京市东城区隆福寺街 99 号
人民东方图书销售中心 电话（010）65250042 65289539